大豆玉米
带状间作复合种植技术

◎ 德州市农业科学研究院　组织编写

◎ 高凤菊　尹秀波　主编

U0247231

中国农业科学技术出版社

图书在版编目（CIP）数据

大豆玉米带状间作复合种植技术 / 高凤菊，尹秀波主编. --北京：中国农业科学技术出版社，2022.6

ISBN 978-7-5116-5766-4

Ⅰ.①大… Ⅱ.①高… ②尹… Ⅲ.①大豆－栽培技术 ②玉米－栽培技术 Ⅳ.①S513 ②S565.1

中国版本图书馆CIP数据核字（2022）第 084824 号

责任编辑 崔改泵 周丽丽
责任校对 李向荣
责任印制 姜义伟 王思文

出 版 者	中国农业科学技术出版社
	北京市中关村南大街 12 号　　邮编：100081
电 话	（010）82109194（编辑室）　　　（010）82109702（发行部）
	（010）82109709（读者服务部）
网 址	http://www.castp.cn
经 销 者	各地新华书店
印 刷 者	北京科信印刷有限公司
开 本	170 mm×240 mm　1/16
印 张	12
字 数	230 千字
版 次	2022 年 6 月第 1 版　　2022 年 6 月第 1 次印刷
定 价	39.80 元

《大豆玉米带状间作复合种植技术》

编委会

主　　编	高凤菊	尹秀波			
副 主 编	曹鹏鹏	田艺心	彭科研		
编写人员	朱冠雄	王春雨	高　祺	华方静	王士岭
	赵文路	郭建军	张长明	陈立娟	张照坤
	赵玉玲	刘　敏	范艳菊	李庆方	曹连杰
	王秀芬	张曰东	温　晶	王兴华	魏晓红
	杨　军	赵玉豹	程　静	张桂艳	赵庆鑫
	姚　远	王允莲	李　霞	冯向阳	王　梅

资助项目

1. 山东省杂粮产业技术体系
2. 山东省农业良种工程项目
3. 德州市大豆产业技术体系

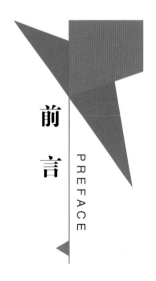

前言
PREFACE

　　当前，我国经济飞速发展，人民生活水平日益提高，对粮食的产量和质量需求也日益增长，人口数量的不断增加与耕地资源减少、水资源短缺、环境恶化等之间的矛盾尤为突出，确保粮食安全和生态安全，以满足人民生活和社会发展的需要，解决供需矛盾，开创农业发展新局面，已成为新时代我国国民经济持续发展的关键。大豆和玉米作为我国重要的粮食作物，如何利用农业技术改进和种植模式创新，提高大豆和玉米产量与质量，高效利用资源，成为解决我国粮食安全问题的重要途径。

　　间作在我国农业生产历史中占有重要地位，是提高和保持粮食产量稳定性的有效措施之一，在我国粮食生产中发挥着非常关键的作用，我国粮食的1/2、棉花和油料的1/3是依靠间作获得的。间作通过利用不同作物的生长习性和生理特点，能有针对性地科学配置作物群体，达成空间生态位和营养生态位的互补，充分增加自然资源的利用效率，平衡生态环境，提升生态系统稳定性，减少病虫草害的发生，提高农作物群体产量，达到丰产稳产的目的。我国现有100多种组合的间作种植模式，其中豆科作物参与的组合达70%以上，而豆科作物与禾本科作物间作由于种间促进和生态位互补作用，成为应用最为广泛的一种组合。

　　大豆玉米带状间作复合种植技术作为一种高效可持续发展的农业栽培技术，在山东省德州市已经进行了5年的示范推广。大豆和玉米进行间作种植，能最大限度利用大豆和玉米的各自优势进行互补，增加间作系统的产量优势，充分发挥边际效应，改善作物生长条件与生态环境，促进生态平衡，减少化肥和农药的施用，改善土壤理化环境，培肥地力，控制病虫草害；还能促进大豆根瘤菌的固氮作用，提高氮肥利用率，减少农田氮素污染的风险，符合绿色生态农业的可持续发展要求和国家"化肥农药减施增效"政策，社会、生态效益显著；在不减少耕地的情况下，促进大豆和玉米同时增收，提高粮油产量和土地利用率，协调大豆和玉米和谐发展，实现了全程机械化管理，得到了新型农业经营主体和新型职业农民的普遍认可。

全书共分为8章，主要介绍大豆玉米带状间作复合种植意义、技术优势及创新应用、主要种植模式、栽培技术要点及关键技术、病虫害综合防控、机械化作业、生产实践及综合效益、政策技术支持等。笔者在多年试验研究的基础上，与四川农业大学合作，引进大豆玉米带状复合种植模式，并结合当地的示范推广经验对其进行优化创新。希望通过大豆玉米带状间作复合种植技术的示范推广，实现良种良法配套、农机农艺结合、节本增效并重、生产生态协调，充分挖掘生产潜力，提高产量水平，促进现代农业健康可持续发展。

读者对象主要是从事大豆玉米带状间作复合种植、研究和推广的人员，农业院校师生和农业科研单位技术人员。在成书过程中，笔者引用了散见于国内报刊上的许多文献资料，因体例所限，难以一一列举，在此谨对原作者表示谢意。

由于笔者水平有限，书中不足之处在所难免，敬请同行专家和读者指正。

编者

2022年4月

目　录

CONTENTS

第一章

概　述

　　间作指两种或两种以上作物分行或分带相间种植在同一田块上的种植模式，目的是在有限时间内、有限土地面积上收获两种以上作物的经济产量，降低逆境和市场风险。间作还具有充分利用资源和高产高效的特点，因此，在未来农业持续发展阶段，间作将占有越来越重要的地位。

　　间作作为农业生产实践中的一项增产措施，在我国及世界范围的作物生产中都发挥着至关重要的作用。间作与单作相比，可以充分利用不同作物间的互利关系，根据作物不同的生长习性和生理特性，充分利用不同作物空间生态位、营养生态位的互补，构建合理的复合群体结构和作物冠层结构，充分利用光、热、水、肥、土、气等自然资源，提高作物群体抗逆性的同时，最大限度地提高对自然资源的利用效率，大幅提高单位面积土地产能，提高了农业系统的生产潜力，保证作物群体稳产增收。

　　目前，间作广泛应用于现代农业生产中，且间作种植模式多种多样。在我国当前应用的100多种组合间作种植模式中，70%以上的间作组合都有豆科作物的参与。豆科与禾本科作物间作种植是目前传统农业中应用最为成功的一种模式，广泛分布于我国东北、华北、西北和南方等地区，豆类和玉米间作种植作为其中最常见的间作模式之一，具有产出率高、抗逆性强、可持续性好等技术优势。一般认为，禾本科作物相对豆科作物具有竞争优势，而且禾本科作物的竞争优势决定了间作体系的群体质量。豆科作物与禾本科作物间作种植可以增强边际效应，增加禾本科作物的干物质积累和转化率；利用共生固氮作用进行生物固氮，通过氮素转移过程补给和促进禾本科作物对氮素的吸收，降低农田氮素污染风险。两种作物的间作种植增加了农田作物多样性及土壤生物多样性，有利于农田生态环境的稳定，是未来农业可持续发展的重要途径。

大豆玉米带状间作复合种植是当前全力抓好粮食生产和重要农产品供给，大力实施大豆和油料产能提升工程的重要举措。2022年中央一号文件明确提出，"集中支持适宜区域、重点品种、经营服务主体，在黄淮海、西北、西南地区推广玉米大豆带状复合种植"。这是继2020年后，玉米大豆带状复合种植技术再次写入中央一号文件。大豆玉米带状间作复合种植技术，是基于传统间套作创新发展而来，采用大豆带和玉米带间作复合种植，充分利用高位作物玉米的边行优势，扩大低位作物大豆的受光空间，实现大豆带和玉米带年际间地内轮作、协同共生、一季双收，有效解决大豆、玉米争地的问题。

第一节　大豆玉米带状间作复合种植意义

间作套种是我国传统农业的精髓，近20年来，农业科技工作者对此进行了深入探索和研究，在完善配套栽培技术体系的同时，在全国各地进行了大面积示范推广，并实现了种管收全程机械化生产。

目前，间作种植的优势已经得到了国内外研究者的广泛证实。大豆玉米带状间作复合种植技术，因具有提高光能利用率、改善通风透光条件、充分发挥边行优势、减少氮肥使用、减轻病虫害发生等优点，也在现代农业发展中占有重要地位。

一、提升我国大豆产能

大豆起源于中国，中国大豆种植面积仅次于三大主粮，但长期以来是我国进口量最大的重要农作物，也是植物蛋白、食用植物油的主要来源。2000年加入世界贸易组织后，受多种因素影响，我国大豆生产徘徊、产业发展不足。中央及各有关部门高度重视，多次进行专题研究。特别是近几年，在复杂的国际国内形势下，中央对大豆产业的重视前所未有，社会各界也对大豆产业高度关注。

习近平总书记强调，"保障好初级产品供给是一个重大战略性问题，中国人的饭碗任何时候都要牢牢端在自己手中，饭碗主要装中国粮"。要全力抓好粮食生产和重要农产品供给，稳定粮食面积，大力扩大大豆和油料生产，确保2022年粮食产量稳定在1.3万亿斤*以上。

中央农办主任、农业农村部部长唐仁健指出，"玉米大豆带状复合种植很大程

---

　*　1斤=0.5 kg，全书同。

度解决了我国玉米大豆争地这个纠结多年的现实矛盾，大力推广玉米大豆带状复合种植是决定大豆恢复成败的关键之举"。并把扩大大豆油料生产作为2022年必须完成的重大政治任务。支持西北、黄淮海、西南和长江中下游等地区推广大豆玉米带状复合种植，加快推广新模式新技术，逐步推动大豆玉米兼容发展。

大豆玉米带状间作复合种植技术可以实现稳粮增豆，是扩大大豆种植面积、提升大豆产能的有效途径，对保障国家粮食安全特别是大豆玉米安全具有重要战略意义。

二、促进种植结构调整

2021年12月25—26日召开了中央农村工作会议，习近平总书记对做好"三农"工作做出重要指示，指出"要实打实地调整结构，扩种大豆和油料，见到可考核的成效。"

新形势下，我国农业的主要矛盾已经从总量不足转变为结构性过剩，主要表现为阶段性、结构性的供过于求与供给不足并存。粮食生产作为国家战略产业，是国民生存和国家发展的必要条件。我国农业长期以来实行藏粮于仓、藏粮于民、以丰补歉的策略，通过尽可能扩大粮食播种面积和提高单产来提高粮食产量。但我国粮食总产量基数大、主要农产品国内外市场价格倒挂、供给与需求错配的现状严重制约了农业健康发展。因此，推进农业供给侧结构性改革，提高农业供给体系质量和效率，科学合理调整作物种植结构，是当前和今后一个时期农业农村经济发展的重要内容。种植结构是农业生产的基础结构，经济新常态下，进行农业供给侧结构性改革，要重点加快优化调整种植业结构，推动种植业转型升级，促进农业可持续发展。

从2014年开始，我国粮食特别是玉米出现产量、库存量、进口量"三量齐增"现象。玉米出现阶段性供大于求、价格大幅下滑、种植效益下降的情况，而大豆的供求缺口逐年扩大，所以优化玉米种植结构，因地制宜地发展食用大豆、薯类和杂粮杂豆种植势在必行。因此，2016年我国提出进行农业供给侧结构性改革，要求调减非优势产区籽粒玉米种植面积，增加优质食用大豆、薯类、杂粮杂豆种植。计划到2020年调减籽粒玉米种植面积5 000万亩，使玉米种植面积稳定在5亿亩，大豆种植面积恢复到1.4亿亩。其中，山东省调减玉米种植面积500万亩，并重点发展豆类作物种植。2020年，我国大豆种植面积1.48亿亩，总产量1 960万t，平均亩产132.3 kg，达到历史最高水平。

大豆、玉米是人类重要的粮食、蔬菜和油料作物，又是畜牧业的优质饲料和工业原料，保障大豆、玉米有效供给对保障我国人民健康、社会稳定和经济发展具有十分重要的战略意义。目前我国常年需求大豆1.2亿t、玉米3.28亿t，要生产足够的大豆、玉米需要近15亿亩的播种面积。大豆和玉米是同季作物，从理论上说，我国有限的耕地资源无法满足大豆和玉米单作对土地的需求，只有协调发展大豆和玉米生产，才能应对国际贸易摩擦带来的大豆、玉米短缺风险，才能确保我国大豆、玉米生产安全，才能把中国人的"饭碗"牢牢端在我们自己手中。如何在稳定玉米种植面积和产量的基础上，提高大豆自给率？大豆玉米带状间作复合种植技术，成为探索大豆玉米兼容发展、协调发展，乃至相向发展的科学路径。

三、利于农业持续发展

间作种植是我国传统农业的精髓，在西北光热资源两季不足、一季有余的一熟制地区广泛分布。相对于单一种植模式，间作种植能够增加农田生物多样性和作物产量，提高生产力的稳定性和耕地复种指数，高效利用光、热、水分和养分等资源，可改善饲草的蛋白含量，防止倒伏和水土流失，减少化肥农药的施用，防止病虫害和抑制杂草生长，投资风险小且产值稳定，能使单位面积土地获得最大的生态效益和经济效益。因此，间作套种模式在我国农业生产中占有重要地位。据报道，我国粮食的1/2，棉花和油料的1/3，都是依靠间作套种获得的。

豆科作物和禾本科作物间作种植体系是我国传统农业中的重要组成部分，该体系能够充分利用豆科作物的共生固氮作用，使间作优势更加明显。大豆玉米带状间作复合种植有利于实现大豆和玉米共生群体的高产高效，进一步提高有限耕地的复种指数、提高间作大豆的整体生产水平，全面实现增收增效。大豆玉米带状间作复合种植既能给农民带来较高的经济效益和生态效益，又能为畜牧业的发展提供优质饲料，从而促进农业和畜牧业的协调、稳定、可持续发展，这一种植技术对高效利用环境资源、发展可持续生态农业具有重要的意义。

四、加快农民增收增效

间作尤其是豆科和禾本科间作具有充分利用环境资源和提高作物产量的特点，在我国传统农业中占有重要地位。大豆和玉米是"黄金搭档"，优势互补明显。玉米喜光喜温，是典型的高光效C_4作物，光饱和点高，光补偿点低；大豆是C_3作物，较耐阴。二者间作能有效改善田间的通风透光条件，提高土地生产率与光、肥利用率，使土地当量比达1.3以上，光能利用率达3%以上。同时，大豆玉米带状间作复合种植能提高作物抵御自然灾害的能力，尤其是抗旱抗风能力，玉米为大豆充当了防风带，使田间空气湿度大，水分蒸发量减少，提高了大豆抗旱能力。

大豆和玉米是同季作物，适合间作种植。通过近几年全国各地特别是黄淮海地区的大面积示范推广，大豆玉米间作种植的配套栽培技术逐渐完善，大豆玉米间作种植和玉米、大豆单作相比，均实现增产增效，提高了新型农业经营主体、新型职业农民和种植户的积极性，示范带动了周边的农业生产，促进了当地的种植结构调整。在国家相关政策扶持和政府相关部门的大力推动下，促进了农业增效和农民增收。

五、助力乡村产业振兴

2017年，党的十九大提出乡村振兴战略，《中共中央国务院关于实施乡村振兴战略的意见》指出，乡村振兴，产业兴旺是重点。乡村产业振兴要以农业供给侧结构性改革为主线，加快构建现代农业产业体系、生产体系、经营体系，提高农业创新力、竞争力和全要素生产率，深入推进农业绿色化、优质化、特色化、品牌化，调整优化农业生产力布局，推动农业由增产导向转向提质导向。构建农村一二三产业融合发展体系，大力开发农业多种功能，延长产业链、提升价值链、完善利益链，重点解决农产品销售中的突出问题，最终实现节本增效、提质增效、绿色高效，提高农民的种植积极性，促进农民增收，助力乡村振兴。

乡村振兴，产业先行。2022年中央一号文件提出全面推进乡村振兴，必须着眼国家重大战略需要，稳住农业基本盘、做好"三农"工作，接续全面推进乡村振兴，确保农业稳产增产、农民稳步增收、农村稳定安宁，扎实有序做好乡村发展、乡村建设、乡村治理重点工作，推动乡村振兴取得新进展、农业农村现代化迈出新步伐。

大豆玉米带状间作复合种植技术，以其良好的增产增收及种养结合效果，成为国家转变农业发展方式、发展乡村振兴战略的重要技术储备，为解决粮食主产区大豆和玉米争地问题，实现大豆玉米双丰收，提高我国大豆供给能力和粮食综合生产能力，保障我国粮油安全和农业可持续发展，找到了新的增长点，也为乡村大豆产业振兴提供了新动能。

第二节　全国示范推广应用情况

大豆玉米间作种植模式在推进我国农业结构调整、保证国家粮食安全、促进农牧业协调发展中发挥着重要作用。2015年8月7日，国务院办公厅印发《关于加快转变农业发展方式的意见》（国办发〔2015〕59号），进一步明确"要大力推广轮作和间作套种，重点在黄淮海及西南地区推广大豆玉米带状间作套种"。2019年，中央一号文件提出，实施大豆振兴计划，农业农村部发布了《大豆振兴计划实施方案》（农办发〔2019〕6号），重点推广玉米大豆带状复合种植等增产增效技术。从2011年起，农业农村部连续12年将大豆和玉米间作套种种植技术列为主推技术，在全国各地大力推广。

一、全国示范推广应用情况

20世纪80年代，我国间作面积已经达到2 800万hm^2，20世纪90年代迅速增加到3 300万hm^2。间作具有明显产量优势，这一点已经得到广泛证实。例如，1990年，甘肃一熟制灌区间作种植面积达到20万hm^2，其中有约6 000 hm^2的耕地单产超过15 t/hm^2；1995年，宁夏回族自治区间作种植面积共75 100 hm^2，占全区作物产量的43%。

我国不同地区的间作套种种植模式多种多样。例如，小麦玉米间作（长江以北广大地区）、小麦棉花套种（南方棉区）、小麦玉米甘薯套种（西南丘陵旱地）、棉花西瓜套种、棉花大蒜套种、小麦西瓜棉花套种、棉花绿豆套种、早春菜棉花套种（适用于产棉区），等等。

目前，在我国，豆类和玉米的间作分布很广，从东北到西南各地都有。如蚕豆玉米间作是我国西北一熟制地区大面积推广的种植模式之一，花生玉米间作、大豆玉米间作则是黄淮海平原很普遍的一种种植方式。另外，小麦玉米间作、玉米马铃薯间作、高粱谷子间作等模式也广泛存在。在华北平原生长期较短的地方，多采用小麦玉米间作模式。我国东北、西北地区主要发展以玉米为主的间作，在高水肥地上和热量较多的地方，还发展了小麦马铃薯间作、小麦大豆间作等模式。陕西关中西部是油菜高产区，20世纪70—80年代，在当地粮油争地、油菜面积上不去、资源优势得不到发挥的情况下，该区域农业通过采用粮油间作取得了较大发展。内蒙古西部河套灌区和宁夏引黄灌区，由于土地盐碱度较高，通过实行小麦和耐盐碱的油葵间作获得了丰产，这一模式既解决了当地的粮油争地问题，又增加农民收益。在陕北地区，农民通过小麦玉米间作套种，促进了小麦的生产。在甘肃河西走廊、宁夏引黄灌溉区、内蒙古河套灌区、土默特川黑河灌区，通过大面积推广小麦玉米间作套种等技术，有效提升了粮食产量。同时，通过不同类型的玉米杂交种进行间作，提高作物质量，延长叶片功能期，提高光合效率，增加籽粒产量。

近年来，在我国南方，套种大豆发展迅速，在"十二五"种植业发展规划中，将西南、华南间作套种食用大豆列为全国三大优势产区之一进行建设。目前，大豆玉米带状套作种植技术在四川、重庆、广西等西南地区推广面积超过1 000万亩，且有逐年增加的趋势，现已成为南方地区大豆的主要种植模式。作为农业农村部的主推技术，近八年来，四川省麦、玉、豆套种推广面积达1 726.3万亩，增加农民收入60.65亿元，显著提高了粮食生产能力。套种大豆的研究示范和推广应用，为缓解我国南方地区的粮食压力、增加农民收入、保障我国粮食安全做出了重要贡献。

2016年，结合大豆产业技术体系"十三五"重点任务及农业部种植业管理司粮油高产高效示范项目，四川、甘肃、河南、安徽等地推广试验示范大豆玉米带状复合种植技术。近年来，四川、重庆、广西等地带状间作示范面积稳中有升，间作面积达800万亩左右，其中四川仁寿现代粮食产业示范基地高产示范1.2万亩，百亩示范片玉米测产平均亩产650 kg，最高亩产730 kg，大豆平均亩产130 kg以上。云南、贵州、河南、宁夏、山东、安徽等地继续开展带状间作试验示范，在稳定示范面积的同时，主攻大豆、玉米协调高产，经测产表明，间作玉米产量与当地单作玉米产量相当，亩产可达600 kg以上，大豆亩产80～100 kg，其中甘肃省武威市黄羊试验场40亩示范片玉米平均亩产833.5 kg，大豆平均亩产92.4 kg，最高亩产104.6 kg；河南省周口市郸城县30亩示范片玉米、大豆平均亩产分别为654.5 kg和99.2 kg；安徽省阜阳市100亩示范片玉米、大豆平均亩产分别为618.7 kg和112.3 kg。

2003—2018年，在四川、重庆等19省（市）累计推广大豆玉米间套作复合种植技术7 139万亩，共计新增经济效益245亿元，经济效益显著；减施纯氮量28.56万t，减少土壤流失量7 485 t、地表径流量53.74万t；玉米产量与单作相当，每亩多收大豆100～150 kg，总体新增大豆882万t，缓解了中国豆制品原料供应压力。

2019—2020年，在内蒙古包头市大力示范推广大豆玉米间作套种技术，面积2万多亩。经专家测产，间作玉米平均亩产达到945 kg，间作大豆平均亩产145 kg。与当地常规覆膜单作玉米产量平均亩产978 kg相比，产量相当，多收一季大豆约580元。

近些年，吉林省开展了新型大豆玉米间作套种技术的试验探索，推行2垄玉米和6垄大豆间作，当地主栽大豆品种与'豫单9953'玉米套种，在种植比例、种植密度、品种应用、大豆玉米一次除草、用肥、耕作方式等众多关键技术环节上实现了重大突破，经济效益、生态效益大幅度提升，与常规种植玉米相比较，平均每亩纯收入可增加200元以上，同时节省化肥、农药使用量，可减轻农业面源污染。

二、德州示范推广应用情况

山东省德州市是农业大市，光照、温度、降水和无霜期等自然条件适宜大豆、玉米等夏播作物的生长。作为全国首个整建制"吨粮市"，2021年，全市耕地面积965.0万亩，其中玉米种植面积790.0万亩，全市平均玉米单产589.1 kg。目前，全市新型农业经营主体流转土地面积310.6万亩，占总耕地面积的30%以上，新型农业经营主体已经成为引领德州市现代农业发展的主要力量。

德州作为全国最大的非转基因大豆集散地和现货交易中心，年交易大豆约300万t。目前大豆加工已成为德州的优势产业之一，全市现有规模以上的大豆加工企业7家，年加工大豆能力220万t以上。在各类大豆加工产业中，大豆蛋白产业优势突出，全市年产各类大豆蛋白近40万t，占全国总产量的50%左右。

2017年，德州市农业科学研究院紧紧围绕全市农业供给侧结构性改革及种植结构调整优化进行科研选题和对外合作，与四川农业大学联合开展了大豆玉米带状复合种植模式和关键技术的研究与示范，其中，在禹城市房寺镇乡泽种植家庭农场、临邑县德平镇富民家庭农场、临邑县兴隆镇中兴家庭农场建立试验示范基地面积近1 000亩。按照农业部农作物测产验收办法，项目组分别在3个示范基地各随机抽测3个点，每个样点测量1个带20 m，计大豆3行株数和玉米2行穗数，调查大豆株粒数和玉米穗粒数，百粒重按该品种常年平均值计算。测产结果显示，3个示范基地的平均亩有效株数，大豆平均在6 000～7 000株，玉米平均在3 500～4 000株；大豆平均亩产80～120 kg，玉米平均亩产500～600 kg。

2017 年山东省德州市禹城市房寺镇大豆玉米带状间作复合种植示范基地（航拍）

2017—2021年，在山东省德州市示范推广大豆玉米带状间作复合种植技术10 000余亩，邀请有关专家进行了4次大豆和籽粒玉米带状间作复合种植的田间测产和验收。通过5年的示范推广，实现了大豆玉米间作种管收全程机械化和精简高效栽培，节本增效并重。和单作玉米相比，间作玉米平均亩产500～600 kg，大豆亩产80～120 kg，每亩增收200元以上。在黄淮海地区实现了率先突破，通过配套精简化栽培技术和全程机械化管理，为当地新型职业农民和新型农业经营主体调整优化种植结构提供了新模式，为农业种植结构调整和乡村振兴提供了新选择。

三、存在问题

（一）生产机械问题

目前，我国大豆玉米带状间作复合种植普遍采用大豆和玉米分开分行播种的模式，该模式增加了机具作业次数，不便于田间的统一种植、管理和机械化作业，导致推广应用受到制约。

1. 播种机械

目前，适宜麦后直播的大豆玉米一体化精量播种机，主要是4∶2种植模式，纳入农机补贴的生产厂家少，仍需要订单生产，没有在生产上大面积推广应用。当前生产上应用的播种机械，大豆播种质量不理想，不能实现一播全苗。

2. 收获机械

适宜大豆玉米带状间作复合种植的大豆收获机械，特别是4∶2种植模式，已纳入农机补贴的生产厂家少，需要订单生产，没有在生产上大面积推广应用。先收获大豆，易混杂玉米，影响收获质量和销售价格。玉米和大豆成熟后要分别机械收获，相当于收获两遍，影响了农民种植积极性，同时增加了管理成本。目前生产上单作大豆收获时，田间损失较大，泥花脸和破碎率高，降低大豆产量和品质。

3. 除草机械

大豆玉米带状间作复合种植一次性苗后除草机械，已纳入农机补贴的生产厂家少，需要订单生产，尚未在生产上大面积推广应用。

（二）播种质量问题

在农业生产的过程中，影响播种质量的因素较多，除了播种机械较少，还有以下几点因素影响播种质量。

首先是适墒播种，由于近几年播种时连续干旱，影响了大豆玉米带状间作复合种植的播种质量；其次是播种密度，大豆玉米带状间作复合种植，以4∶2种植模式为例，播种时大豆行距30~40 cm、株距10 cm，有效株数9 200~10 000株/亩，玉米密度应与单作相当，行距40 cm、株距10 cm，有效株数4 600~5 100株/亩；这样才能保证收获时的有效株数可达大豆7 800~8 500株，玉米4 100~4 600株。再就是农机手操作技术，由于培训不到位，机械播种和成熟收获过程中常常会出现农机运行速度快、操作不规范等问题，导致播种时有缺苗断垄现象，影响播种质量，导致收获时损失增加，影响收益。

（三）田间管理问题

1. 化学除草

化学除草省工省力，最好选择播后苗前封闭除草，易于操作，但也存在播种时干旱高温、麦秸量大、喷水量不足等原因，导致封闭除草效果不好，需进行苗后化学除草。苗后喷施除草剂比较麻烦，大豆、玉米需要分别除草，要在喷雾装置上加装物理隔帘，将大豆、玉米隔开施药，对行间杂草定向喷雾，不仅增加了用工和农药投入，而且作业时难度大，容易产生除草剂飘移，产生药害。同时因没有一次性苗后除草专用机械时要作业两次，增加了管理成本，影响了农民种植积极性。

2. 控旺防倒

黄淮海地区夏季光照充足、气温较高、雨水集中，间作大豆容易旺长，导致田间郁闭落花落荚，后期更易倒伏，影响机械收获，并造成减产。如何根据大豆长势，在开花前进行化控，选择合适的化学调控试剂和适宜的调控时间，实现控旺防倒，生产上还有待进一步试验。

3. 点蜂缘蝽

为害比较严重，没有引起足够重视。近几年，点蜂缘蝽成为大豆的主要虫害，主要吸食嫩荚、籽粒汁液、叶片、嫩茎等，不仅降低大豆的产量和品质，造成症青，严重时还会颗粒无收。但目前点蜂缘蝽预防没有引起高度重视，没有实现统防统治，影响了大豆的产量和品质。

（四）种植意愿

2022年，大豆玉米带状间作复合种植纳入国家政策补贴，但与农民的种植习惯和种植意愿相比还有差距。单作玉米种植的机械化程度高，管理相对简单；而大豆玉米带状间作复合种植，在播种收获、化学除草等关键技术措施相比单作麻烦，影响了部分新型农业经营主体和新型职业农民的种植积极性。

四、应用前景

（一）大豆加工需要

2012年以来，我国食品工业大豆原料用量（直接食用，非转基因大豆）1 000万t以上，且逐年增加，近90%国产大豆用于食用加工。山东省是全国大豆加工和消费大省。2019年以来，山东省年产大豆超50万t，不足大豆蛋白加工需求的15%，不到大豆总加工需求的5%。年加工能力近2 000万t，占全国20%以上，居第一位。

2021年，山东省大豆种植面积274.2万亩，总产量53.5万吨，平均单产195.1 kg。全省蛋白和传统豆制品等非转基因大豆加工能力在400万t左右，其中大豆蛋白加工能力占到全国的80%以上。拥有禹王集团、谷神集团、万得福集团、香驰粮油等具有全国影响力的大豆加工龙头企业和"豆黄金腐竹"，"冠珍轩"豆腐、豆浆，"巧媳妇"调味酱等多个全国知名品牌。山东省的大豆消费量居全国第一位，年消费大豆在2 000万t以上，其中加工大豆蛋白和传统豆制品400万t左右；榨油1 000万t以上，生产油脂和饲料。

在全国范围内，大豆加工企业需求主要来自东北三省，东北大豆加工企业需要大量的优质食用大豆，因此，进行农业种植结构调整、振兴大豆产业势在必行。

（二）满足种植需求

德州是农业大市，目前，全市新型农业经营主体流转土地300余万亩，占总耕地面积的近1/3，已经成为引领现代农业发展的主要力量。2018年以来，山东省开始实施耕地轮作休耕制度试点项目，德州市的禹城、陵城、武城等县市区进行大面积的示范推广，经过4年的顺利实施，调动了新型农业经营主体、新型职业农民的种植积极性。德州市独特的区位优势、适宜的自然生态条件、完备的农田基础设施和农户高涨的种植热情，有利于大豆玉米带状间作复合种植技术的快速大面积推广。

（三）增收增效明显

通过德州市5年的示范推广，大豆玉米带状间作复合种植技术与单作玉米相比，间作玉米平均亩产500~600 kg；大豆平均亩产80~120 kg，每亩增收200元左右。在土壤种植的后茬小麦，经专家测产，小麦增产5%以上。因此，大豆玉米带状间作复合种植技术作为集约化农业生产普遍采用的一种种植方式，可以利用有限的时间和土地面积来获得两种或两种以上作物的产量和效益，对解决当前人口与资源之间的矛盾具有重要的现实意义。

（四）生态效益显著

大豆玉米带状间作复合种植技术，可以减少氮肥施用，提高氮肥利用率20%～30%；提高光能利用率，土地当量比1.3以上；降低病虫害，减少农药施用量10%～15%。而且符合国家"化肥农药减施增效"政策，有利于资源节约和环境友好农业模式发展。

（五）技术成熟配套

2012年，德州市农业科学研究院开始进行大豆玉米间作种植模式及比较效益的试验研究。2017年，德州市农业科学研究院与四川农业大学合作，在德州试验示范大豆玉米带状复合种植技术，同时进行了全程机械化条件下不同间作种植模式的试验示范。德州市农业科学研究院结合多年的研究成果和德州气候条件及生产实际，进行了优化调整，如选择适宜德州大豆玉米带状间作复合种植的品种、大豆适期化控防倒、扩大大豆玉米带间距等。因地制宜，将先进技术本土化，通过5年的示范推广，优化集成了大豆玉米带状间作复合种植技术的德州模式，并制定了栽培技术规程，入选山东省农业主推技术，适合在山东省乃至黄淮海地区示范推广种植。结合德州的研究基础和试验示范经验，初步筛选出适合在山东省示范推广的模式。

（六）实现机械化生产

2017年，引进了大豆玉米带状间作一体化播种施肥机、大豆专用收割机，在禹城市、临邑县建立大豆玉米带状间作复合种植示范基地，进行了全程机械化管理的探索。5年来，建立大豆玉米带状间作复合种植示范基地6 000多亩，实现了播种、田间管理（除草、化控、病虫防治）和收获全程机械化作业，可以减少用工、简化栽培，提高劳动生产率，解决了大豆玉米带状间作复合种植技术推广应用的瓶颈问题，每亩节本增效200元以上。

（七）推广前景广阔

当前，我国食用大豆年消费量达2 000万t以上，而国产大豆年产量1 600万t左右，食用大豆供求存在近400万t的缺口。近几年，虽然我国非转基因大豆种植面积有所上升，但仍然满足不了大豆加工企业的需求。在实打实地调整结构、扩种大豆和油料的今天，在稳粮增豆的背景下，大豆产业发展迎来了新的机遇。

2021年12月29日农业农村部印发《"十四五"全国种植业发展规划》，再次提出："到2025年，推广大豆玉米带状复合种植面积5 000万亩（折合大豆种植面积2 500万亩），扩大轮作规模，开发盐碱地种大豆，力争大豆播种面积达到1.6亿亩左右，产量达到2 300万t左右，推动提升大豆自给率。"2022年，全国大豆玉米带状复合种植技术推广15万余亩，明确下达到16个省（区、市）。

2022年中央一号文件明确提出，大力实施大豆和油料产能提升工程。加大耕地轮作补贴和产油大县奖励力度，集中支持适宜区域、重点品种、经营服务主体，在黄淮海、西北、西南地区推广玉米大豆带状复合种植。合理保障农民种粮收益，稳定玉米、大豆生产者补贴政策。推进补贴机具有进有出、优机优补，重点支持粮食烘干、履带式作业、玉米大豆带状复合种植、油菜籽收获等农机，推广大型复合智能农机。

黄淮海地区农业生态条件优越、土壤肥沃、适耕性强、光照资源丰富，降水主要集中在6—8月，无霜期长达200多天，适宜玉米、大豆等夏播作物的生长，是全国高蛋白大豆优势产区。进口大豆多为转基因大豆，而国内以种植非转基因大豆为主，相较而言，国产非转基因大豆更具有竞争优势。我们要抓住国内大豆的优势，把扩大栽培面积的重心逐步转向南方和黄淮海地区。随着近几年配套的种管收机械、田间管理技术的日益成熟，大豆玉米带状间作复合种植技术的应用前景将更加广阔。

五、推广建议

2017—2021年，大豆玉米带状间作复合种植技术在德州市取得了较好的示范推广应用效果。德州市农业科学研究院针对生产中存在的一些问题，进行了调研，并提出了合理化的建议。

（一）加快机械研发生产

充分发挥当地中小型农机生产应用优势，加快大豆玉米带状间作复合种植一体化播种机、大豆小型收获机械的研发生产进度，加大配套机械加工生产，提高机械作业效率和智能化水平，实现免耕精播和合理收获。

（二）加大科技培训力度

一是开展新型职业农民培训。熟练掌握大豆玉米带状间作复合种植的核心技术，提高田间管理水平，实现一播全苗、合理施肥、化学除草、控旺防倒、防病治虫、科学用药、减损收获，精简高效栽培，节本增效并重。

二是加大农机手培训力度。通过提前培训明确要求，了解机械性能，规范操作程序，提高播种和收获质量，提升农机农艺融合力度。

三是加强农业科技培训。在细化推广县、乡、村三级网络，加大服务力度的同时，提高农业科技入户率，让技术人员多到田间地头，及时解决生产实际问题，真正实现良种良法配套。

（三）多元种植、订单生产

一是推广玉米多元化种植，结合当地加工业和畜牧业发展，通过种植鲜食、青饲、加工或粒收玉米，提高混合青贮的生物产量、籽粒玉米一次收获技术等，提高种植效益。

二是发展订单生产，使禹王集团、谷神集团等加工企业可以建立稳定、可靠的放心优质原料基地，真正实现一二三产业融合发展。

（四）加大政策支持扶持

2018年以来，山东省耕地轮作休耕制度试点项目纳入财政补贴。2022年，大豆玉米带状间作复合种植技术已纳入补贴政策，相关的播种、除草、收获机械已经列入农机补贴目录，实施农机购置补贴，为大豆玉米带状间作复合种植技术专用机具生产和推广应用提供政策支持，提高机械化水平和种植效益。建议各级政府和涉农部门再加大政策的支持扶持力度，实施大豆玉米带状间作种植补贴、良种补贴和农机补贴，同时设立大豆玉米带状间作复合种植技术示范培训专项资金，加大对农机手和高效栽培技术培训力度，提高播种收获质量，提升管理水平，实现节本增效，提高种植积极性；对积极性高、成效显著的新型农业经营主体给予一定的奖补支持；政府应鼓励企业或扶持支持社会组织成立专门服务机构，开展播种、收获、飞防等社会化托管服务。

（五）加大示范推广力度

盖钧镒院士提出，提高土地产出率是确保粮食安全的最有效手段，大豆玉米带状间作复合种植技术具有"高产出、可持续、机械化、低风险"等技术优势，种、管、收机械化的实现为大面积推广创造条件，建议加快这一技术在适宜地区推广应用。2017年，德州市农业科学研究院撰写了《关于"玉米大豆高效复合种植模式"的调研报告》并获得副市长董绍辉的批示，建议各县市区和农业部门认真参阅、推广应用。2019年，山东省农业农村厅发布的《2019年全省夏大豆生产技术意见》中提出，要大力推广大豆玉米宽幅间作技术，以增加大豆面积，促进大豆玉米协调发展，实现农民增收。建议国家在各省（区、市）设立大豆玉米带状间作复合种植技术示范推广试点，加大黄淮海地区大豆玉米带状间作复合种植技术的示范推广力度。

第二章

技术优势及创新应用

大豆和玉米是同季作物，生长所需的光温水热条件相似，因此适宜玉米栽培的地区均能满足大豆玉米带状间作复合种植技术的种植条件。通过大豆和玉米带状间作复合种植，能最大程度利用土地资源，提高光照水肥利用率，实现大豆玉米协同增产和周年高产；大豆玉米带状间作复合种植技术实现了农机农艺相结合，种管收全程机械化，提高了生产效率，保证了高产与高效相统一；同时该技术能降低病虫害发生、减少化肥农药使用，因而具有降低种植成本、改善生态环境、确保粮食生产安全、实现农业可持续发展等优势。

第一节　技术优势

间套轮作是我国传统农业技术瑰宝，对中华民族发展做出了不可磨灭的贡献。间作套种具有高产出、可持续的有益"基因"，实现大豆玉米间作套种一体化和现代化是解决长期困扰国家粮油安全难题和挑战的有效途径。大豆玉米带状间作复合种植技术在德州市示范推广以来，增产增收效果显著，主要具有以下技术优势。

一、增产增收

间作套种不但可以提高土地利用率，还能够合理配置作物群体，使作物高矮成层、相间成行，有利于改善作物的通风透光条件，由间作形成的作物复合群体可增加对太阳光的截取与吸收，减少光能的损失和浪费，提高光能利用率，充分发挥边行优势的增产作用。同时，两种作物间作还可产生互补作用，如宽窄行间作或带状间作中的高秆作物有一定的边行优势，豆科与禾本科间作有利于补充土壤氮元素的消耗等。但间作时不同作物之间也常存在着对阳光、水分、养分等的激烈竞争。因此对株型高矮不一、生育期长短稍有参差的作物进行合理搭配和在田间配置宽窄不等的种植行距，有助于提高间作效果。当前的趋势是旱地、低产地、用人畜力耕作的田地及豆科、禾本科作物应用间作较多。

2017年以来，在德州市示范推广大豆玉米带状间作复合种植技术，研究发现该技术可以提高光能利用率，土地当量比1.3以上。与玉米单作相比，间作玉米平均亩产500～600 kg，间作大豆亩产80～120 kg，每亩增收200多元。

大豆玉米带状间作复合种植生育后期

大豆玉米带状间作复合种植成熟期

二、机收提效

通过5年的示范推广，实现了种管收全程机械化和精简高效栽培，节本增效并重。在种植过程中通过扩大玉米和大豆的带间距，调整农机农艺参数，提高了播种、收获机具的通过性与作业效率，实现了播种、田间管理和收获全程机械化。

（一）播种

目前，较大面积示范推广的大豆玉米带状间作种植模式有3∶2模式和4∶2模式，均采用大豆玉米一体化播种机进行播种，种肥同播，大豆播种密度8 700～10 000株/亩，收获株数6 500～8 000株/亩；玉米播种密度4 200～4 800株/亩，收获株数3 500～4 200株/亩。如果种植4∶3、6∶3、6∶4等大豆玉米带状间作复合种植模式，可以采用两台机械分别顺序播种。

大豆玉米带状间作复合种植模式在德州市示范推广5年来，获得的经验如下。2017年，大豆玉米带状间作复合种植采用3∶2模式，采用大豆玉米一体化播种机播种，种肥同播，出苗很好；收获期间，连续阴雨天气，大豆泥花脸现象严重。2018

年，大豆玉米带状间作复合种植采用3：2模式，采用大豆玉米一体化播种机播种，种肥同播，出苗很好；采用大豆玉米一体化播种机进行了大豆玉米带状间作4：2种植模式的试验示范，采用改装的大豆玉米一体化播种机播种，种肥同播，大豆出苗率在80%以上；收获时天气晴好，泥花脸3%以下，收获效果很好。2019年，大豆玉米带状间作复合种植采用4：2模式，采用大豆玉米一体化播种机播种，种肥同播，由于天气干旱，土壤墒情不佳，大豆出苗不理想；收获期间，天气晴好，泥花脸3%以下，收获效果很好。

大豆玉米带状间作3：2种植模式机械播种　　大豆玉米带状间作4：2种植模式机械播种

（二）收获

大豆、玉米成熟后，大豆玉米带状间作复合种植4：2模式，大豆可以用割台大于1.4 m、机身宽小于2.3 m的自走式大豆收获机；玉米可以采用机身宽小于1.5 m的2行玉米自走式收获机，使损失率和破碎率均在3%以下。收获时也可以先收获完玉米，再用大豆专用收获机收获大豆。

大豆玉米带状间作3：2种植模式机械收获大豆　　大豆玉米带状间作3：2种植模式机械收获玉米

（三）管理

在大豆玉米带状间作复合种植的田间管理中，化学除草、防治病虫、大豆化控等均可以实现机械作业。但要注意苗后化学除草时，一定要在喷雾装置上加装物理隔帘，大豆和玉米之间要隔开分别施药，防止药剂飘移。目前可以利用苗后一次性除草专用机械分别完成大豆和玉米的除草作业。

苗后一次性除草机械作业

三、提升地力

大豆玉米带状间作复合种植可以提高根瘤固氮量，减少氮肥施用量，有效提高氮肥利用率20%～30%。通过大豆玉米混合青贮或玉米黄贮饲养牛羊，可实现过腹还田和资源循环利用，有利于农业可持续发展。

大豆玉米带状间作复合种植进行混合青贮，既可以提高营养价值，改善发酵品质，而且容易青贮成功。大豆玉米同时收获，降低成本。2018年，大豆玉米带状间作复合种植的大豆和玉米同时收获，混合青贮20亩，饲喂肉羊45只、肉牛2只。饲喂75 d后，与青贮玉米相比，肉羊每天多增重22.13 g；与黄贮玉米相比，肉牛每天多增重240 g。大豆玉米带状间作混合青贮，解决了大豆植株难青贮的问题，提高了青贮饲料蛋白质、钙含量，对肉牛、肉羊育肥效果明显。

大豆玉米混合机械青贮

大豆玉米混合青贮饲料

四、降低风险

大豆玉米带状间作复合种植群体改变了作物单作田间小气候状况，直接影响病虫害发生环境，减轻了生态可塑性较小的病虫害的发生概率，而且间作种植的作物种类增多，因害虫天敌增多而减轻虫害。大豆玉米带状间作复合种植，可降低病虫害，减少农药施用量10%~15%。

间作复合系统的生态位原理与风险分散效应，可提高大豆玉米带状间作复合种植系统抵御自然灾害的能力，尤其是提高了玉米防风抗倒和大豆抗旱的能力；有效弥补了单一玉米种植受价格波动影响导致的增产不增收问题。

大豆玉米带状间作种植提高玉米抗倒能力

单作玉米遇风雨倒伏情况

第二节　创新应用

2012年，德州市农业科学研究院开始进行大豆玉米间作不同种植模式及效益的试验研究，筛选出了适宜本地区间作复合种植的大豆和玉米品种，对间作种植的行数配比、株行距、带间距及播种、施肥、除草、化控、收获等配套栽培技术进行了研究，筛选出了种植效益较高的模式，包括适宜种植品种、行数配比、株行距、田间管理配套措施等。

2002年，四川农业大学率先开展了大豆玉米带状复合种植模式的研究，2015年实现了播种、收获机械化，并在四川进行了一定面积的推广。

2017年，德州市农业科学研究院与四川农业大学合作，在德州试验示范大豆玉米带状间作复合种植3∶2模式。结合多年的研究成果和德州的气候条件、生产实际，因地制宜，将先进技术本土化，2018年首先提出并在德州进行大豆玉米带状间作4∶2种植模式的试验示范，并定制了大豆玉米一体化播种机进行试验示范，之后又进行了适宜德州市示范推广的大豆玉米带状间作复合种植模式研究和全程机械化条件下不同间作模式的试验示范。通过在德州市5年的大面积示范推广，增产增效显著，得到了新型农业经营主体负责人的一致认可，提高了种植积极性。结合德州生产实际，将技术熟化落地，赋予了大豆玉米带状间作复合种植技术新的内涵，成功探索出了大豆玉米带状间作复合种植技术的德州模式，为农业供给侧结构性改革提供了新选择，成为助力当地大豆产业振兴的新动能。

一、选用适宜品种

针对山东省或黄淮海的生产实际，大豆玉米带状间作复合种植要实现高产高效，需要选择适应当地生态条件并且适宜间作种植的玉米和大豆品种。如大豆选用耐阴抗倒、早熟高产、适宜机收的品种；玉米选用株型紧凑、耐密植、抗病高产、单株生产能力强的品种。

（一）大豆品种

优良品种是大豆高产的内因，在适宜的自然和栽培条件下，能充分发挥增产作用，因此要根据当地的生态条件、土壤条件和栽培水平合理选择品种。适宜黄淮海地区夏播种植的大豆品种，一般生育期要小于110 d，株型紧凑，直立生长，有限结荚习性，结荚高度15 cm左右，成熟期一致，适应性强，抗病抗倒，熟期适宜，高产优质。经过多年的试验示范和推广应用，在黄淮海地区夏播条件下，大豆玉米带状间作复合种植要选用耐阴抗倒、中早熟、适宜机械化收获的夏大豆品种。

大豆玉米带状间作复合种植时，不要选择植株高、叶片肥大的大豆品种。如果种植密度高，易旺长徒长，形成细弱苗，加剧倒伏；而密度低时，群体产量上不去，有些亚有限型大豆品种，在不施任何肥料的情况下间作，仍表现为植株高大，容易倒伏，落花落荚，降低了间作大豆的产量。

（二）玉米品种

玉米可以选用多种类型，如普通籽粒型、机收籽粒型、鲜食型、青贮型、粮饲兼用型等，但选用的玉米品种一定要满足株型紧凑、抗倒抗病高产、中矮秆、适宜密植和机械化收获的要求。

大豆玉米带状间作复合种植时，玉米选用紧凑型品种，行间通风透光性好，可以降低间作大豆倒伏风险，大豆产量明显高于选用半紧凑或平展型的玉米品种。如果选用平展型玉米品种和大豆间作，对大豆遮阴比较严重，大豆容易出现倒伏，造成减产，影响机械化收获。

二、选择适合模式

目前，在黄淮海地区示范推广的大豆玉米带状间作复合种植模式，主要有3∶2模式和4∶2模式。根据土壤肥力，玉米可缩小株距为12 cm，密度增加到4 200～4 800株/亩，用种量2.0～2.5 kg/亩，密度与单作相当；大豆一般株距10 cm，密度为8 700～10 000株/亩，用种量为2.5～3.0 kg/亩。

（一）大豆玉米带状间作复合种植3∶2模式

2017—2018年，采用玉米大豆一体化播种机播种，大豆和玉米同时进行播种，种肥同播。可以采取麦后直播方式进行播种，但收获小麦时要降低割茬，并且切碎麦秸均匀抛撒；为了提高播种质量，有条件的可以在小麦收获后，先灭茬再播种。

大豆玉米带状间作复合种植3∶2模式，带宽2.3 m，玉米2行，行距40 cm，株距12 cm，播种密度4 800株/亩左右；大豆3行，行距30 cm，株距10 cm，播种密度8 700株/亩左右，玉米带和大豆带的间距65 cm。

（二）大豆玉米带状间作复合种植4∶2模式

2018年以后，采用玉米大豆一体化播种机播种，种肥同播。可以收获小麦后贴茬播种，也可以收获小麦后先灭茬再播种。

大豆玉米带状间作复合种植4:2模式，带宽2.9 m，玉米2行，行距40 cm，株距12 cm，播种密度4 200株/亩左右；大豆4行，行距40 cm，株距10 cm，播种密度10 000株/亩左右，玉米带和大豆带的间距65 cm。

（三）大豆玉米带状间作复合种植其他模式

2018年以后，在德州进行了全程机械化条件下不同大豆玉米带状间作复合种植模式的试验示范，主要有4:3种植模式、6:3种植模式、4:4种植模式、6:2种植模式和8:2种植模式等。这些模式是利用当地玉米、大豆生产中现有的播种和收获机械，基本实现了种管收全程机械化和精简高效栽培，节本增效并重。可以结合当地的生产实际和现有机械条件，选择适合的种植模式。

三、扩大带间距离

大豆玉米带状间作复合种植技术的关键就是扩间增光、缩株保密。大豆和玉米是同季作物，德州市的大豆、玉米均可夏播种植，光、温、水、肥等资源充足，大豆生长快、容易倒伏。为了增强通风透光，兼顾机械最初的设计，玉米与大豆之间距离，由机械设计时的60 cm调整到最大距离65 cm。在今后的示范推广过程中，可以根据麦畦宽度适当调整带间距离为65~70 cm。

四、防除田间杂草

玉米是单子叶植物，大豆是双子叶植物，二者所适用的除草剂种类不同，且不能同时喷施同一种除草剂。而杂草有禾本科和阔叶类杂草，种类繁多，繁殖力强，传播方式多样，为害时间长，与玉米和大豆竞争养分、水分、光照等营养条件，直接影响玉米、大豆的产量和品质，杂草防除成为大豆玉米带状间作复合种植田间管理的关键技术。在杂草防除过程中，要科学合理地选择和施用除草剂。既要选择省工省时的除草方式，又要选择低毒高效的化学药剂和适宜浓度。这样既可以有效防除田间杂草，又能减轻对玉米、大豆的苗期为害。因此，大豆玉米带状间作复合种植时，把农民习惯的玉米苗后除草改为播后苗前除草，这样容易操作。如果因苗期降水量大导致的除草效果不好，可再进行一次苗后除草。

（一）苗前除草

播后苗前除草是大豆玉米带状间作复合种植技术除草的关键，一次除草，省工省时、容易操作。可以用96%精异丙甲草胺乳油或者33%二甲戊灵乳油，有大草时可以加草甘膦铵盐，保证地表有一定湿度，每亩兑水50 kg左右，喷匀喷实即可，播种后要尽快喷施，表土不能太干。

（二）苗后除草

播后苗前除草效果不好或者苗期雨水较多时，可在大豆2~3片复叶期（播种20多天），喷施氟磺胺草醚和精喹禾灵除草复配的除草剂；玉米在3~5叶期，可以选用适宜玉米苗后的除草剂。均兑水30 kg，定向喷雾，在早晚气温较低时进行。但玉米、大豆要隔开分别喷施，防止药剂飘移。

（三）注意事项

一是要加装隔帘，将大豆玉米隔开分别施药。

二是要预防药害，注意施药时间、安全剂量，加入足量水。

三是要注意施药时间，早晚气温较低、没有露水、无风时进行。

四是药剂喷施要均匀，提高防效。

五、控制大豆旺长

在适当的时期利用化学药剂进行调控，能够有效控制作物旺长，降低植株高度，增强茎秆抗倒性，减少倒伏，提高田间通风透光能力，有利于机械化收获。特别是大豆玉米带状间作复合种植时，由于光照条件的限制，大豆易倒伏，结荚少，产量低，品质差，而初花期叶面喷施化控剂能改善大豆株型，延长叶片功能期，促进植株健壮生长，减少落花落荚，提高大豆产量。

六、病虫综合防控

坚持预防为主，综合防治，着力推广绿色防控技术，加强农业防治、生物防治、物理防治和化学防治的协调与配套，用低毒、低残留、高效化学农药有效控制病虫为害，改善生态环境。

农业防治包括选用抗病品种、种子包衣拌种、合理轮作换茬、加强田间管理（适墒播种、配方施肥、合理密植、防旱排涝、及时除草、中耕培土、清洁田园）等；可以利用田间地头安装杀虫灯达到物理防治的目的。还可以利用生物天敌（瓢虫、草蛉、食蚜蝇、赤眼蜂）和生物药剂等进行生物防治。当然，化学农药防治是防治病虫害最简捷快速有效的方法，但要注意选用低毒、低残留、高效的生物农药。

七、加强田间管理

根据德州市小麦产量高、秸秆丰富、留茬高等实际情况，在播种前要及时进行灭茬。根据大豆玉米带状间作复合种植的关键技术节点，因地制宜，在品种选择、机械播种、化学除草、化控防倒、防治病虫害、机械收获等关键环节，加强田间管理，进行全程跟踪服务，确保各项关键技术精准落地、精准实施、精准转化。德州市大豆玉米带状间作复合种植基本实现了种管收全程机械化和精简高效栽培，节本增效并重。

八、机械减损收获

大豆玉米带状间作复合种植，要在玉米、大豆完熟期收获。根据玉米、大豆成熟顺序和种植模式，合理调配机械，适期适时收获，减少田间损失。经过试验示范，探索创新出3种收获方式，既可先收获大豆再收获玉米，也可先收获玉米再收获大豆，或者大豆和玉米同时成熟时，使用现有的大豆和玉米联合收获机，两台机械前后布局，玉米、大豆同时分别顺序收获。

（一）大豆

叶片全部落净，摇动有响声时，用自走式大豆联合收割机收获。4∶2种植模式先收获大豆时，选择割台宽度1.4～2.3 m的收获机。作业速度3～6 km/h。

（二）玉米

完熟期，苞叶变黄，籽粒乳线消失，用自走式玉米联合收获机收获。4∶2种植模式先收获玉米时，机械宽度要小于1.5 m。

主要种植模式

2017—2018年，大豆玉米带状间作复合种植3∶2种植模式和4∶2种植模式在德州地区进行了示范推广。2019—2021年，在德州地区进行了大豆玉米带状间作复合种植4∶2、4∶3、6∶3、4∶4、6∶2、8∶2等不同模式的全程机械化生产试验示范。

本章对8种不同模式的大豆玉米带状间作复合机械化种植技术进行介绍，各地区推广应用该技术时要注意结合当地实际生产情况和现有农机条件，做到因地制宜，灵活选择适宜当地生产的种植模式。

第一节　4∶2种植模式

2018年，德州市进行了大豆玉米带状间作复合种植4∶2模式的小面积试验示范。2019年起，德州市大面积示范推广了大豆玉米带状间作4∶2种植模式。

一、模式简介

带宽2.6 m；大豆4行，行距30 cm；玉米2行，行距40 cm；大豆玉米带间距65 cm。根据土壤肥力条件，大豆行距可以适当调整30～40 cm，带宽2.6～2.9 m。

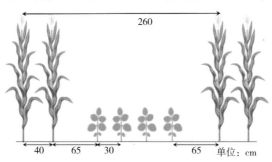

大豆玉米带状间作 4∶2 种植模式

二、机械播种

4∶2种植模式，可以利用大豆玉米一体化播种机进行播种。

大豆玉米带状间作4∶2种植模式一体化播种机播种

三、田间展示

2018—2021年，在山东省德州市对4∶2种植模式进行了较大面积示范推广。

大豆玉米带状间作4∶2种植模式苗期　　　大豆玉米带状间作4∶2种植模式生育中期

大豆玉米带状间作4∶2种植模式生育后期　　大豆玉米带状间作4∶2种植模式成熟期

第二节 4∶3种植模式

2019年开始，在德州市进行了大豆玉米带状间作4∶3种植模式的试验示范，利用两台机械分别播种，先播种玉米，再播种大豆，同时依次顺序进行。

一、模式简介

带宽3.5 m；大豆4行，行距40 cm；玉米3行，行距50 cm；大豆玉米带间距65 cm。

山东省农村农业厅印发的《2019年全省夏大豆生产技术意见》指出，要大力推广玉米大豆宽幅间作技术，促进玉米大豆协调发展，实现农民增收。该间作模式的关键环节有6个方面，包括宽幅间作、优质品种、免耕精播、节水省肥、绿色防控和机械收获。

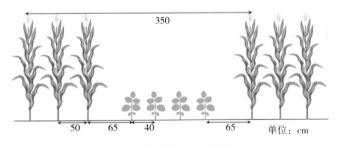

大豆玉米带状间作4∶3种植模式

二、机械播种

4∶3种植模式，可以利用两台机械依次顺序进行大豆玉米播种。

两台机械依次顺序播种大豆、玉米田间展示

大豆玉米带状间作4∶3种植模式苗期

| 大豆玉米带状间作 4∶3 种植模式生育中期 | 大豆玉米带状间作 4∶3 种植模式生育后期 |

第三节　6∶3种植模式

2019年开始，在德州市进行了大豆玉米带状间作6∶3种植模式的试验示范，用两台机械分别播种，先播种玉米，再播种大豆，同时依次顺序进行。

一、模式简介

带宽4.55 m；大豆6行，行距45 cm；玉米3行，行距50 cm；大豆玉米带间距65 cm。

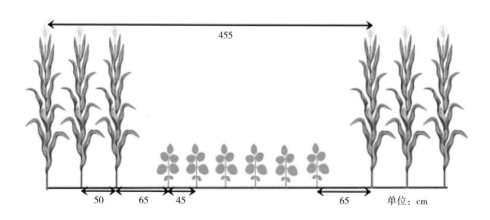

大豆玉米带状间作 6∶3 种植模式

二、机械播种

6：3种植模式，可以利用两台机械，依次顺序进行大豆玉米播种。

两台机械依次顺序播种大豆、玉米田间展示

大豆玉米带状间作6：3种植模式苗期

大豆玉米带状间作6：3种植模式生育后期

第四节　3：2种植模式

2017—2018年，德州市主要示范推广了大豆玉米带状间作3：2种植模式。

一、模式简介

带宽2.3 m；大豆3行，行距30 cm；玉米2行，行距40 cm；大豆玉米带间距65 cm。

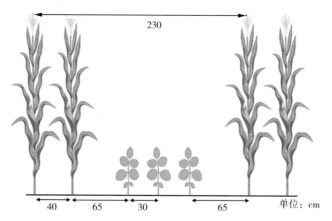

大豆玉米带状间作3：2种植模式

二、播种机械

3：2种植模式，可以利用大豆玉米一体化播种机进行种肥同播。

大豆玉米带状间作3：2种植模式一体化播种机播种

三、田间展示

2017—2018年，在山东省德州市对3：2种植模式进行了较大面积示范推广。

大豆玉米带状间作3：2种植模式苗期　　　大豆玉米带状间作3：2种植模式生育中期

大豆玉米带状间作3∶2种植模式生育后期　　　大豆玉米带状间作3∶2种植模式成熟期

第五节　6∶2种植模式

2019年，在德州市进行了大豆玉米带状间作6∶2种植模式的试验示范，并利用两台机械分别同时依次顺序播种。

一、模式简介

带宽3.95 m；大豆6行，行距45 cm；玉米2行，行距40 cm；大豆玉米带间距65 cm。

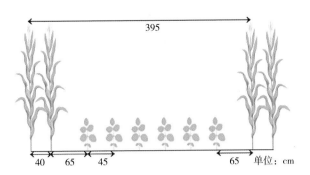

大豆玉米带状间作6∶2种植模式

二、播种机械

利用两台机械分别播种，先播种玉米，再播种大豆，同时依次顺序进行。

大豆玉米带状间作 6∶2 种植模式两台机械依次顺序播种

三、田间展示

2019年，在山东省德州市进行了大豆玉米带状间作6∶2种植模式的试验示范。

大豆玉米带状间作 6∶2 种植模式苗期

大豆玉米带状间作 6∶2 种植模式生育中期

大豆玉米带状间作 6∶2 种植模式生育后期

第六节 8∶2种植模式

2019年，在德州市进行了大豆玉米带状间作8∶2种植模式的试验示范，利用两台机械分别播种，先播种玉米，再播种大豆，同时依次顺序进行。

一、模式简介

带宽4.85 m；大豆8行，行距45 cm；玉米2行，行距40 cm；大豆玉米带间距65 cm。

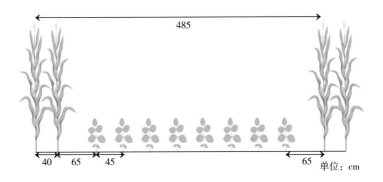

485

40   65   45   65   单位：cm

大豆玉米带状间作 8∶2 种植模式

二、田间展示

2019年，在山东省德州市进行了大豆玉米带状间作8∶2种植模式的试验示范。

大豆玉米带状间作 8∶2 种植模式苗期　　　　大豆玉米带状间作 8∶2 种植模式生育中期

大豆玉米带状间作 8∶2 种植模式生育后期

第七节　2∶2种植模式

从2012年开始，德州市进行了大豆玉米带状间作2∶2种植模式的试验探索和小面积示范，用玉米、大豆专用播种机依次顺序播种。

一、模式简介

带宽2.1 m；玉米2行，行距40 cm；大豆2行，行距40 cm；玉米与大豆间距65 cm。

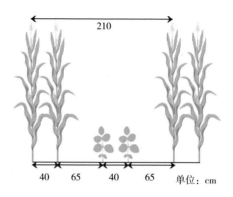

大豆玉米带状间作 2∶2 种植模式

二、田间展示

2012年开始，在山东省德州市进行了大豆玉米带状间作2∶2种植模式的试验示范。

大豆玉米带状间作 2∶2 种植模式苗期

大豆玉米带状间作 2∶2 种植模式生育中期

大豆玉米带状间作 2∶2 种植模式生育后期

第八节　4∶4 种植模式

从2012年开始，在德州市进行了大豆玉米带状间作4∶4种植模式的试验探索，采用两台机械依次顺序播种。

一、模式简介

带宽4.0 m；大豆4行，行距40 cm；玉米4行，行距50 cm；大豆玉米带间距65 cm。

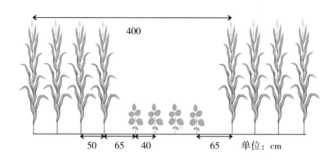

400

50   65   40   65   单位：cm

大豆玉米带状间作 4：4 种植模式

二、田间展示

2012年开始，在山东省德州市进行了大豆玉米带状间作4：4种植模式的试验示范。

大豆玉米带状间作 4：4 种植模式苗期

大豆玉米带状间作 4：4 种植模式生育中期

大豆玉米带状间作 4：4 种植模式生育后期

三、改进建议

在德州试验示范的大豆玉米带状间作4：4种植模式，4行玉米等行距种植，行距50 cm，中间2行玉米的边行优势不明显，不能充分发挥大豆玉米带状间作复合种植技术的产量优势。因此，要结合目前生产上常用的4行玉米播种和收获机械，调整玉米的播种行距。在今后的大面积示范推广中，如果采用4～6行大豆和4行玉米间作种植模式，可以将玉米进行大小行种植。一方面增加玉米的通风透光，充分发挥玉米的边行优势，可以提高产量，减少倒伏风险；另一方面，玉米自走式联合收获机均为对行收获，作业时，割道要对准玉米行，以减少掉穗损失。割道中心对准玉米行的偏差要在5 cm左右，因此玉米采用大小行种植，也有利于机械化收获，不影响机械收获效率，同时不会增加收获损失。

此外，简要介绍一下大豆玉米带状间作4：4种植模式（其中4行玉米采取大小行种植）和6：4种植模式（其中4行玉米采取大小行种植）。

4：4种植模式：带宽4.2 m；大豆4行，行距40 cm；玉米4行，大小行种植，行距边行50 cm、中间行70 cm；大豆玉米带间距65 cm。

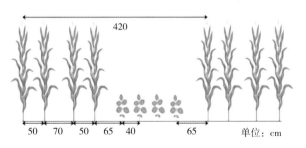

大豆玉米带状间作 4：4 种植模式

6：4种植模式：带宽5.25 m。大豆6行，行距45 cm；玉米4行，大小行种植，行距边行50 cm、中间行70 cm；大豆玉米带间距65 cm。

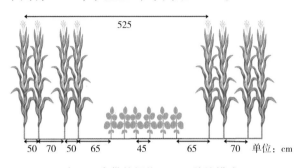

大豆玉米带状间作 6：4 种植模式

自走式 4 行玉米收获机械

第四章

栽培技术要点及关键技术

第一节　栽培技术要点

我国存在人口多、人均耕地面积少、资源紧缺、农业环境污染严重等诸多现实问题，实现农业可持续发展复合我国发展中农业大国的基本国情，大力发展禾本科和豆科间作高效栽培特别是大豆玉米带状间作复合种植模式是实现我国农业可持续发展的重要举措。德州市于2017—2021年对大豆玉米带状间作复合种植模式进行了大面积推广示范，取得了高产高效的理想效果。本章主要介绍了与该模式相配套的精简高效栽培关键技术，以供新型农业经营主体负责人和种植户在种植过程中参考学习。

一、选择适宜品种

大豆选用耐阴抗倒、早熟高产、适宜机收的品种；玉米选用株型紧凑、抗倒抗病、高产、中矮秆、适宜密植的品种。

二、合理密度密植

大豆玉米带状间作复合种植技术，间作玉米与单作时的密度基本一致。大豆玉米带状间作采用4∶2种植模式和3∶2种植模式，带宽2.3～2.9 m，大豆种植3～4行（行距30～40 cm），玉米种植2行（行距40 cm），大豆和玉米的带间距65 cm。单粒播种，种肥同播，大豆株距10 cm，播种密度为8 700～10 000株/亩；玉米株距12 cm，播种密度为4 200～4 800株/亩。

三、适墒适期播种

小麦收割后，及时灭茬，适墒播种。墒情不好的，要及时浇水造墒，以保证播种质量。适宜播种时间为6月10—25日，播种深度3～5 cm。使用大豆玉米一体化播种机播种，实现种肥同播，大豆亩施专用肥10～20 kg；间作玉米行距株距比单作玉米缩小，单位面积需肥量增加，间作玉米的施肥量和单作玉米相同，每亩40～50 kg。

四、播后苗前除草

大豆玉米带状间作复合种植，要高度重视播后苗前除草工作，容易操作，可以减少用工，降低成本。如果播后苗前除草效果不理想，苗后大豆、玉米要隔开分别定向除草。

（一）大豆

如果播后苗前除草效果不好，单、双子叶杂草混生田，在大豆2～3片复叶期，可选用15%精喹·氟磺胺微乳剂（精喹禾灵5%+氟磺胺草醚10%）100～120 g/亩，兑水30 kg，对间作大豆行间杂草茎叶进行定向喷雾，要在早晚气温较低时进行。

（二）玉米

防除间作玉米的田间杂草，可选用玉米苗后全功能型除草剂——27%烟·硝·莠去津（烟嘧磺隆2%+硝磺草酮5%+莠去津20%）可分散油悬浮剂，以达到禾阔双除的目的。在玉米3～5叶期，每亩用量150～200 g，兑水30 kg，进行茎叶定向喷施除草。机械或人工喷药时，要做到不漏喷、不重喷，不盲目加大施药量，施药前后7 d内，尽量避免使用有机磷农药。

五、适期控旺防倒

根据大豆长势，适期化控，主要是控制大豆旺长，防止倒伏。大豆长势过旺，分枝期至初花期每亩用10%多效唑·甲哌鎓（多效唑2.5%+甲哌鎓7.5%）可湿性粉剂65～80 g，或5%烯效唑30～40 g，兑水30 kg，进行茎叶喷施，控旺防倒，防止大豆后期倒伏，影响产量和收获质量。玉米在7～10叶期用25%甲哌鎓水剂300～500倍液，全株均匀喷雾，适度控制株高，增强抗倒能力，改善群体结构。

六、成熟分别收获

各种模式的大豆玉米带状间作复合种植成熟后,大豆和玉米都要分别收获。大豆叶片全部落净,摇动有响声时,可用适宜机器和割台宽度的自走式大豆联合收获机收获;玉米完熟期,苞叶变黄、籽粒乳线消失时,可用适宜机宽的自走式玉米收获机收获。

第二节 关键栽培技术

2021年中央农村工作会议提出:"要全力抓好粮食生产和重要农产品供给,稳定粮食面积,大力扩大大豆和油料生产。"目前我国大豆进口依存度高,如何在全国耕地资源紧张的情况下,既保证主粮自给率,又能提高大豆产量?大豆玉米带状间作复合种植技术,作为传统间套种技术的创新发展,无疑为扩大大豆种植、提高大豆产能开辟了新的技术模式,成为探索玉米大豆兼容发展、协调发展,乃至相向发展的科学路径。2017—2021年,大豆玉米带状间作复合种植模式主要在德州市的4个县(市、区)进行了较大面积的示范推广,增收增效明显。2022年,农业农村部将在全国19个省(区、市)推广1 500多万亩。根据《2022年山东省大豆玉米带状复合种植技术指导意见》,在种植过程中,主要把握好以下关键技术。

一、品种选择

(一)大豆品种

优良品种是大豆高产的内因,在适宜的自然和栽培条件下,能充分发挥增产作用,因此要根据当地的生态条件、土壤条件和栽培水平合理选择品种。适宜黄淮海地区夏播种植的大豆品种,一般生育期要小于110 d,株型紧凑,直立生长,有限结莢习性,结莢高度15 cm左右,成熟期一致,广适,抗倒,抗病,耐盐碱,高产,优质。经过多年的试验示范和推广应用,在黄淮海地区夏播条件下,大豆玉米带状间作复合种植要选用耐阴抗倒、中早熟、适宜机械化收获的夏大豆品种。最好是有限结莢习性的大豆品种,这样可以降低大豆倒伏的风险。

大豆玉米带状间作复合种植时,不要选择植株相对较高、叶片肥大的大豆品种,密度难以把握,不宜间作。如果种植密度高,易旺长徒长,形成细弱苗,加剧倒伏;而密度低时,群体产量上不去。有的亚有限型大豆品种,在不施任何肥料的情况下间作，仍表现为植株高大，容易倒伏，落花落荚，降低了间作大豆的产量。

根据《2022年山东省大豆玉米带状复合种植技术指导意见》，结合山东省地区的生态条件和适宜间作的要求，推荐的大豆品种有12个，分别是：'齐黄34''菏豆33号''祥丰4号''圣豆5号''郓豆1号''菏豆12''沂豆13''嘉黄32''山宁29号''华豆10''临豆10号''菏育10号'。

1. 齐黄34

鲁农审2012026号，国审豆2013009，国审豆20180020。生育期103 d，株高72.9 cm，蛋白质含量43.5%，脂肪含量19.9%，高抗SC-3和SC-7花叶病毒。密度12 000～15 000株/亩。

2. 菏豆33号

鲁审豆20180004。生育期107 d，株高73.6 cm，蛋白质含量43.0%，脂肪含量18.7%，抗花叶病毒3号和7号株系。密度11 000～13 000株/亩。

3. 祥丰4号

鲁审豆20190002。生育期104 d，株高80.1 cm，蛋白质含量44.5%，脂肪含量18.5%，抗花叶病毒3号和7号株系。密度10 000～13 000株/亩。

4. 圣豆5号

鲁农审2015027号，国审豆2016010。生育期106 d，株高79.6 cm，蛋白质含量39.07%，脂肪含量20.78%，中感花叶病毒3号和7号株系。密度13 000～15 000株/亩。

5. 郓豆1号

鲁审豆20200001。生育期106 d，株高74.9 cm，蛋白质含量44.77%，脂肪含量19.76%，感花叶病毒3号和7号株系。密度10 000～13 000株/亩。

6. 菏豆12

鲁农审字2002012号。生育期101 d，株高92 cm左右，抗花叶病毒病，抗倒伏，蛋白质含量43.2%，脂肪含量18.18%。密度12 000～15 000株/亩。

7. 沂豆13

鲁审豆20210005。生育期105 d，株高73.1 cm，蛋白质含量43.2%，脂肪含量19.7%，中感花叶病毒3号株系，抗花叶病毒7号株系。密度13 000～15 000株/亩。

8. 嘉黄32

鲁审豆20210011。生育期106 d，株高67.8 cm，蛋白质含量42.3%，脂肪含量19.9%，感花叶病毒3号和7号株系。密度13 000～15 000株/亩。

9. 山宁 29 号

鲁审豆20210003号。生育期103 d，株高57.9 cm，蛋白质含量46.4%，脂肪含量18.3%，高抗花叶病毒3号和7号株系。密度13 000～15 000株/亩。

10. 华豆 10

鲁审豆20160040。生育期103 d，株高64.6 cm，蛋白质含量40.42%，脂肪含量19.32%，感花叶病毒3号和7号株系。密度14 000～16 000株/亩。

11. 临豆 10 号

国审豆2010008。生育期105 d，株高68.3 cm，中抗花叶病毒3号株系，中感7号株系，中抗胞囊线虫病1号生理小种，蛋白含量40.98%，脂肪含量20.41%。密度12 000～17 000株/亩。

12. 菏育 10 号

鲁审豆20210010号。生育期107 d，株高67.8 cm，蛋白质含量42.8%，脂肪含量19.5%，中抗花叶病毒3号和7号株系。密度13 000～15 000株/亩。

在以后的示范推广过程中，可以根据当地的生产实际和种植习惯，结合生态条件和适宜间作的要求，选择适宜当地带状间作复合种植的大豆品种。

（二）玉米品种

玉米可以选用多种类型，如普通籽粒型、机收籽粒型、鲜食型、青贮型、粮饲兼用型等，但选用的玉米品种一定要满足株型紧凑、抗倒抗病高产、中矮秆、适宜密植和机械化收获的要求。

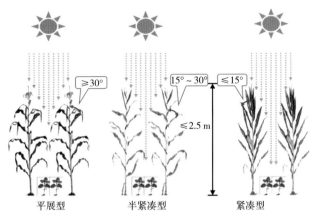

不同类型玉米模拟展示

紧凑型玉米品种与大豆间作

大豆玉米带状间作复合种植时，玉米选用紧凑型品种，行间通风透光性好，可以降低间作大豆倒伏的风险，大豆产量明显高于选用半紧凑或平展型的玉米品种。如果选用平展型玉米品种和大豆间作，对大豆遮阴比较严重，大豆容易出现倒伏，造成减产，并且影响机械化收获。

根据《2022年山东省大豆玉米带状复合种植技术指导意见》，结合山东省地区的生态条件和适宜间作的要求，推荐的玉米品种有12个，分别是：'登海605''天泰366''鲁单510''登海710''金海1908''鑫研156''鑫瑞25''金阳光9号''登海W365''立原296''京农玉658''DF20'。

1. 登海605

鲁农审2011004号，国审玉2010009。株型紧凑，夏播生育期107 d，株高275 cm，穗长18 cm，红轴，半马齿型，黄粒。抗小斑病，感大斑病和弯孢叶斑病，高抗茎腐病，感瘤黑粉病，中抗矮花叶病。

带状间作复合种植的玉米品种登海605　　　大豆齐黄34与玉米登海605带状间作复合种植

2. 天泰366

国审玉20196212。株型紧凑，夏播生育期102.5 d，株高277 cm，穗长18.8 cm，红轴，半马齿型，黄粒。中抗小斑病，感茎腐病、穗腐病、弯孢叶斑病，高感瘤黑粉病、南方锈病。

3. 鲁单510

鲁审玉20210013。株型紧凑，夏播生育期106 d，株高263 cm，穗长15.4 cm，红轴，半马齿型，黄粒。中抗弯孢叶斑病、茎腐病、瘤黑粉病、粗缩病、南方锈病，感小斑病、穗腐病。

4. 登海710

国审玉20196208。株型紧凑，夏播生育期101 d，株高259 cm，穗长18.9 cm，红轴，半马齿型，黄粒。中抗穗腐病、小斑病，感茎腐病、弯孢叶斑病、南方锈病，高感瘤黑粉病。

5. 金海 1908

国审玉20210056。株型半紧凑，夏播生育期105 d，株高274 cm，穗长19.5 cm，红轴，半马齿型，黄粒。中抗茎腐病，感穗腐病，感小斑病，中抗弯孢叶斑病，高感瘤黑粉病。

6. 鑫研 156

鲁审玉20190039。株型紧凑，夏播生育期105 d，株高257.7 cm，穗长17.0 cm，红轴，半马齿型，黄粒。抗小斑病，中抗茎腐病；感弯孢叶斑病、穗腐病和南方锈病，高感瘤黑粉病。

7. 鑫瑞 25

鲁审玉20170002，国审玉20200265。株型紧凑，夏播生育期102 d，株高276.1 cm，穗长16.7 cm，红轴，半马齿型，黄粒。中抗大斑病、茎腐病，抗小斑病、瘤黑粉病、矮花叶病，感褐斑病、弯孢叶斑病。

8. 金阳光 9 号

鲁审玉20160005。株型紧凑，夏播生育期109 d，株高250.9 cm，穗长17.0 cm，白轴，半马齿型，黄粒。抗小斑病、弯孢叶斑病、矮花叶病，中抗大斑病，感褐斑病，高感茎腐病、瘤黑粉病。

9. 登海 W365

鲁审玉20210014。株型紧凑，夏播生育期107 d，株高281 cm，穗长18.4 cm，红轴，半马齿型，黄粒。高抗瘤黑粉病，抗南方锈病，中抗小斑病，感穗腐病、茎腐病，高感弯孢叶斑病、粗缩病。

10. 立原 296

鲁审玉20190011，国审玉20200253，国审玉20210075。株型紧凑，夏播生育期105 d，株高279.7 cm，穗长17.2 cm，白轴，半马齿型，黄粒。高抗茎腐病，抗弯孢叶斑病，中抗小斑病、瘤黑粉病和南方锈病，感穗腐病。

11. 京农玉 658

鲁审玉20210001。株型紧凑，夏播生育期101 d，株高259 cm，穗长16.8 cm，红轴，半马齿型，黄粒。抗小斑病、瘤黑粉病、粗缩病，中抗茎腐病、南方锈病，感弯孢叶斑病、穗腐病。

12. DF20

鲁审玉20200005。株型紧凑，夏播生育期105 d，株高261.9 cm，穗长

18.5 cm，红轴，半马齿型，黄粒。高抗瘤黑粉病，抗弯孢叶斑病、中抗穗腐病、茎腐病，感小斑病、南方锈病和粗缩病。

山东省在示范推广中，可以结合当地的生产实际、生态条件和种植习惯，选择适宜带状间作复合种植的玉米品种。

（三）注意事项

1. 种植密度

不宜过大，行距40～50 cm，株距10 cm为宜。密度大，开花前田间郁闭，容易落花落荚，结荚少，而且容易倒伏，造成严重减产，而且不利于机械收获。

2. 病虫害

要及时防治病虫害，特别是对点蜂缘蝽的防范，否则会造成"症青"，严重影响产量。另外要注意防治蚜虫，避免感染病毒病，造成贪青晚熟。

种植密度过大，株距小于10 cm的田间表现　　　间作大豆贪青晚熟

二、适墒播种

播种是大豆玉米带状间作复合种植最关键的环节，俗话说"七分种，三分管，一播全苗是关键。"因此，在间作种植过程中，要抓好种子处理、适墒早播、免耕精播、种肥同播等关键环节，切实提高播种质量，为苗全、苗匀、苗壮打好基础。

（一）种子处理

进行大豆玉米带状间作复合种植，播种前最好进行种子处理，特别是要进行包衣或者拌种，可以有效预防大豆、玉米苗期的病虫害。

1. 大豆

间作种植的大豆要选择高品质种子，包括精选、包衣、抗性好、抗倒、抗逆、适应性好、品质好、产量高、适宜机械化收获、耐阴性好、适宜间作种植等。

（1）精选种子

最好选用经过包衣的商品种子。种子质量要求达到国家二级标准以上，纯度≥98%、净度≥99%、发芽率≥90%、水分≤13%。

（2）播前晒种

播种前10 d，选择晴天中午翻晒1～2 d，温度25～40 ℃，摊晒均匀，可以增强种子活力，提高发芽势。

（3）种子包衣

每100 kg大豆种子用6.25%咯菌腈·精甲霜灵悬浮种衣剂300～400 mL进行种子包衣；或者用26%多·福·克（多菌灵+福美双+克百威）悬浮种衣剂，药种比1∶60，进行种子包衣处理；也可选用30%吡醚·咯·噻虫等种衣剂进行种子包衣或拌种。可有效防治地下害虫和大豆苗期病害。

（4）微肥拌种

建议用50～100 g/亩根瘤菌拌种，或用钼酸铵1∶200、1%磷酸二氢钾拌种，效果更好。注意要先用微肥拌种，阴干后再进行种子包衣。

包衣的种子要阴干或晾干，不能在高温天气下暴晒。拌种后，必须当天播种用完。

2. 玉米

选择高质量的种子是获得玉米高产的保证。玉米品种要选择单株生产能力强、适宜当地间作种植，且高产，抗病、抗倒、抗逆性强、适应性广、耐密植、适宜机收等。

（1）精选种子

玉米必须选择精选后包衣的商品种子，要确保种子质量要求达到国家二级标准以上，无霉变粒和破损粒，种子大小、粒型一致，籽粒饱满，色泽良好。种子纯度≥98%、发芽率≥95%、净度≥98%、水分≤13%。

（2）播前晒种

选好的玉米商品种子，有条件的要在播种前1周，选择晴朗无风的天气，将种子摊开在阳光下翻晒2～3 d。这样可打破种子休眠，杀死部分病菌，提高发芽势和发芽率。

（3）种子包衣

玉米一般选用包衣的种子。没有包衣的，每100 kg玉米种子可用29%噻虫·咯·霜灵悬浮种衣剂470～560 mL进行种子包衣。可以有效预防地下害虫和玉米苗期的虫害、病害。

对购买已经包衣的玉米商品种子，如果进行二次包衣，一定要明确知道第一次包衣的种衣剂药剂类型和用量，防止因种衣剂过量而影响玉米出苗。种子包衣后要在阴凉、通风处晾干，注意不能晒干，晾干后再播种。

（二）适墒精播

进行大豆玉米带状间作复合种植时，精播主要是利用大豆玉米间作一体化播种机，进行机械精量播种，并且要适墒播种，抢时早播，免耕精播，种肥同播。

玉米是单子叶植物，可以先浇水造墒再播种，或者先播种再浇水。但大豆是双子叶植物，对土壤水分状况要求相对严格，要在土壤墒情适宜的条件下，抓紧时间播种，才能提高播种质量。适宜墒情标准一般要求土壤相对含水量为70%~80%，即手抓起土壤，握紧能结成团，1 m高处放开，落地后能散开。如果土壤墒情不足，可在小麦收获前先浇水，小麦成熟收获后适墒播种；或者小麦收获后尽快浇水造墒，再适墒播种；或者播种后马上进行微喷，一定要注意浅播种，少喷水，田间尽量不要有积水，以免土壤板结，影响大豆出苗。如果墒情适宜，可在小麦收获后尽早抢墒播种。

小麦收获时，要尽量降低秸秆留茬的高度，为了便于播种，一般留茬要求低于20 cm，并且秸秆要均匀抛撒，粉碎长度小于5 cm。如果收获小麦后的秸秆留茬过高，特别是在20 cm以上的，要在晴天午后用秸秆还田机进行小麦秸秆灭茬处理后，待墒情适宜时再播种。如果墒情不好，要尽快浇水造墒以提高出苗率，保证出苗质量。

进行大豆玉米带状间作复合种植，3∶2间作种植模式主要采用2BMZJ-5型大豆玉米一体化播种机，4∶2间作种植模式主要采用2BMZJ-6型或2BMFJ-PBJZ6型大豆玉米一体化播种机，其他的间作模式，目前没有成熟配套的一体化播种机，可以使用两台机械，大豆、玉米单独同时分别播种，单粒免耕精播，播种深度为3~5 cm，要深浅一致。

播种前小麦灭茬

适宜墒情播种

采用大豆玉米间作一体化精量播种机，在尽量降低小麦留茬高度的同时，要严格机械精播程序，行株距、播深、喷药量等指标都要达到农艺要求。播深3～5 cm，间距和深浅均匀一致，一般不要镇压（沙壤土除外），行距、株距严格按照密度要求。精播是大豆玉米带状间作复合种植保证密度和匀度的前提。

（三）适宜播期

在黄淮海地区，大豆、玉米均可以夏播种植，生育期较短，一般在110 d左右。因此，大豆玉米带状间作复合种植的适宜播种时间为6月10—25日，可以适当早播。播种过晚，大豆、玉米不能正常成熟，将造成严重减产影响产量，且籽粒不饱满，影响销售质量。小麦收获后，墒情适宜要抢时播种，越早越好，最迟6月25日前结束播种。在玉米粗缩病连年发生的夏播区域，玉米适宜播期为6月10—15日，重病区可以在15日前后播种。

一般6月雨水相对集中，一定要密切关注天气预报，不要在大雨的前一天播种，防止雨后土壤板结，造成大豆顶苗，影响出苗质量。

（四）种肥同播

大豆玉米带状间作复合种植，施肥与播种同时进行，种肥同播。大豆亩施专用肥10～20 kg。玉米一般每亩可施氮磷钾缓控释肥40～50 kg。采用大豆玉米一体化播种机播种，在距玉米带25 cm处施肥，避免烧种。

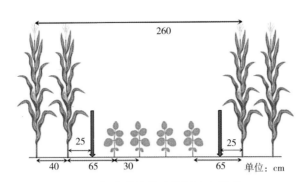

4∶2间作种植模式施肥技术模拟

（五）播量密度

大豆玉米带状间作复合种植技术，根据土壤肥力，大豆一般株距10 cm，播种密度7 600～10 000株/亩，播量2.5～3.0 kg/亩；玉米株距10～15 cm，播种密度3 800～4 800株/亩，播量1.5～2.0 kg/亩（粒数），密度与单作相当。

1. 大豆玉米带状间作复合种植3∶2模式

采用大豆玉米一体化播种机播种。可以麦后直播；为了提高播种质量，有条件的也可以收获小麦后，先灭茬再播种。

大豆玉米带状间作复合种植3∶2模式，带宽2.3 m，玉米2行，行距40 cm，株距12 cm，播种密度4 800株/亩左右；大豆3行，行距30 cm，株距10 cm，播种密度8 700株/亩左右，大豆与玉米的带间距65 cm。

大豆玉米一体化播种机不灭茬播种
（3∶2模式）

大豆玉米一体化播种机不灭茬播种出苗情况
（3∶2模式）

大豆玉米一体化播种机灭茬后播种
（3∶2模式）

大豆玉米一体化播种机整地后播种
（3∶2模式）

大豆玉米一体化播种机灭茬后播种出苗情况
（3∶2模式）

2. 大豆玉米带状间作复合种植4∶2模式

采用大豆玉米一体化播种机播种。可以麦后直播，有条件的也可以收获小麦后，先灭茬再播种。

大豆玉米带状间作复合种植4∶2模式，带宽2.9 m，玉米2行，行距40 cm，株距10 cm，播种密度4 800株/亩左右；大豆4行，行距40 cm，株距10 cm，播种密度9 200～10 000株/亩，大豆与玉米的带间距65 cm。

大豆玉米一体化播种机不灭茬播种
（4∶2模式）

大豆玉米一体化播种机不灭茬播种出苗情况
（4∶2模式）

大豆玉米一体化播种机灭茬后播种
（4∶2模式）

大豆玉米一体化播种机灭茬播种出苗情况
（4∶2模式）

（六）存在问题

土壤墒情不好，水分不足，因干旱而影响出苗。

土壤水分严重不足

土壤湿度太大，播种时易形成大的坷垃，影响出苗。

土壤水分含量太多　　　　　　　　　土壤水分含量太多时播种情况

三、化学除草

大豆玉米带状间作复合种植，由于大豆是双子叶植物，玉米是单子叶植物，而杂草有禾本科和阔叶类杂草，种类繁多，繁殖力强，传播方式多样，为害时间长，与大豆、玉米竞争养分、水分和光照，直接影响大豆、玉米的产量和品质，因此，杂草防除成为大豆玉米带状间作复合种植田间管理的关键技术。

在杂草防除过程中，要科学合理地选择和施用除草剂。既要选择省时省工的除草方式，又要选择低毒高效的化学药剂和适宜浓度。这样既可以有效防除田间杂草，又能减轻对大豆、玉米的苗期为害。通过多年的试验示范推广经验，做好播后苗前的田间封闭除草至关重要，更容易操作。如果除草效果好，可以减少用工，降低成本。如果除草效果不理想，苗后大豆、玉米还要分别定向除草。

（一）播后苗前除草

播后苗前除草是大豆玉米带状间作复合种植技术除草的关键，一次除草，省工省时，容易操作。可以用96%精异丙甲草胺乳油50～85 mL/亩，或者33%二甲戊灵乳油150～200 mL/亩，有大草时可以加草铵膦，表土喷雾封闭除草。保证地表有一定湿度，每亩兑水30 kg以上，喷匀喷实即可，播种后要尽快喷施，封闭除草。注意表土不能太干，要喷施足够量的水。

播后苗前机械喷施除草剂

（二）苗后除草

苗前除草效果不好的地块，或苗期雨量过大除草效果不理想，根据当地草情，在大豆、玉米苗后早期，将大豆、玉米隔开分别定向除草。在选择茎叶处理除草剂时，要注意选用对临近作物和后茬作物安全性高的除草剂品种。

1. 大豆

防除大豆田一年生禾本科杂草，在大豆2～3片复叶期、杂草3～5叶期，选用10%精喹禾灵乳油，每亩用量30 mL，兑水30 kg，茎叶定向喷雾；在大豆苗后2～3片复叶期、杂草3～5叶期，选用25%氟磺胺草醚水剂，每亩用量25 mL，兑水30 kg，茎叶定向喷雾；单、双子叶杂草混生田，两种除草剂可混合使用，在大豆2～3片复叶期、杂草3～5叶期，茎叶定向喷雾除草。用15%精喹·氟磺胺微乳剂（精喹禾灵5%+氟磺胺草醚10%）100～120 g/亩，或喷施氟磺胺草醚和精喹禾灵复配的除草剂，兑水30 kg，在早晚气温较低时进行。

苗后田间杂草生长情况

苗后田间杂草防除后生长情况

2. 玉米

防除玉米田杂草，在玉米3～5叶期、杂草2～4叶期，可以选用适宜玉米苗后的除草剂，以达到禾阔双除的目的。如27%烟硝莠可分散油悬浮剂（烟嘧磺隆2%+硝磺草酮5%+莠去津20%）150～200 g/亩，兑水30 kg，进行茎叶定向喷施除草，在早晚气温较低时进行。但大豆、玉米要隔开分别喷施，防止药剂飘移。

苗后及时防除玉米田杂草

苗期喷施除草剂后大豆药害情况　　　　苗期喷施除草剂后飘移大豆药害情况

（三）注意事项

1. 加装隔帘

大豆玉米带状复合种植进行播后苗前除草时，要将大豆、玉米隔开分别施药。

2. 预防药害

要注意施药时间、安全剂量，并加足量水，严防药害。严格控制施药时期，大豆玉米带状间作复合种植时，间作大豆施药最佳时间为2～3片复叶期，氟磺胺草醚的剂量一定要严格按照说明要求的剂量使用，不能随意加大药量，并且加足量水，保证每亩药量兑水至少30 kg；间作玉米苗后除草宜在3～5叶期，喷药时不能与有机磷类杀虫剂混用。

3. 施药时间

在早晚（10：00以前或16：00之后）气温较低、没有露水、无风时进行施药，避免中午时高温、大风天气施药，以保证人身安全。

4. 人工施药

可在喷头上加带防护罩，最好是压低喷头行间喷雾，以减少用药量，同时提高防效，还可以防止药液喷洒到相邻作物上。

5. 机械施药

用大豆玉米分带喷杆喷雾机喷药时，在大豆和玉米行间要加装物理隔帘，将大豆和玉米隔开分别施药，最好实施苗后定向喷药除草。

6. 喷雾均匀

无论是机械还是人工施药，一定要喷施均匀，不漏喷、不重喷，且田间地头都要喷到，提高防效。后期对于难防除的杂草可人工拔除。

机械除草加装自制物理隔帘　　　　　　加装物理隔帘，苗后定向除草

分带喷杆喷雾机施药作业

四、适时化控

大豆玉米带状间作复合种植模式下，玉米边际效应增强，单位面积群体较大，存在倒伏减产和影响大豆生长的风险。在适当的时期利用化学药剂进行调控，能够有效控制作物旺长，降低植株高度，改善株型，延长叶片功能期，增强茎秆抗倒性，促进植株健壮生长，减少倒伏，提高田间通风透光能力，有利于机械化收获。

（一）大豆

在黄淮海地区，大豆玉米带状间作复合种植时，由于两者同期播种，共生期长，夏大豆出苗后需要经历长时间的荫蔽环境，致使大豆徒长，容易造成倒伏，不仅影响后期大豆产量，也不利于机械化收获。因此，开花前根据间作大豆的田间长势，适时进行化控，主要是控制大豆旺长，防止倒伏，减少落花落荚，有利于机械化收获，减少田间损失，提高大豆产量。

1.化控药剂

大豆化控常用的生长调节剂有烯效唑、多效唑等。烯效唑是一种高效低毒的三唑类新型植物生长调节剂，具有强烈的生长调节功能和内吸性广谱杀菌作用，与同类三唑类和多效唑相比，烯效唑的生物活性更高，杀菌力更强，处理种子能降低感染病菌概率，对环境更安全，对后茬作物无"二次控长"现象，已被广泛应用于各种作物上，

大豆化控不及时，生育后期出现倒伏

且对多种作物具有增产作用，还能改善品质。经过多年的试验示范，烯效唑处理对大豆的化控效果好，无残留，并且能矮化植株，茎粗、分枝数、结荚数不同程度的增加，抗倒伏能力增强。

2.施药时期

大豆化控可以分别在播种期、始花期进行，利用烯效唑处理可以有效抑制植株顶端优势，促进分枝发生，延长营养生长期，培育壮苗，改善株型，利于田间通风透光，减轻了大豆玉米带状间作复合种植模式中玉米对大豆的荫蔽作用，利于解决大豆玉米生产上争地、争时、争光的矛盾，为获取大豆高产打下良好的基础。

（1）播种期

大豆播种前种子用5％的烯效唑可湿性粉剂拌种，可有效抑制大豆苗期节间伸长，显著降低株高，达到防止倒伏的效果，还能够增加主茎节数，提高单株荚数、百粒重和产量，但拌种处理不好会降低大豆田间出苗率，因此，一定要严格控制剂量，并且科学拌种。可在播种前1～2 d，每千克大豆种子可用5％烯效唑可湿性粉剂6～12 g拌种，晾干备用。

（2）初花期

初花期降水量增大，高温高湿天气容易使大豆旺长，造成枝叶繁茂、行间郁闭，易落花落荚。长势过旺、行间郁闭的间作大豆，在分枝至初花期可每亩叶面喷施10％多效唑·甲哌鎓（多效唑2.5％+甲哌鎓7.5％）可湿性粉剂65～80 g，或用5％烯效唑可湿性粉剂600～800倍液，兑水30 kg，控制节间伸长和旺长，促使大豆茎秆粗壮，降低株高，不易徒长，有效防止大豆后期倒伏、影响产量和收获质量。一定要根据间作大豆的田间生长情况施药，并严格控制化控剂的施用量和施用时间。

施药应在晴天16:00以后，若喷药后2 h内遇雨，需晴天后再喷1次。

（二）玉米

大豆玉米间作种植时，间作玉米的密度相对于大田单位面积上增加了，加大了玉米倒伏的风险。在玉米生长过程中，适期喷施化学调节剂能够有效防止玉米倒伏，控制旺长，提高产量，利于机械收获。

1. 化控药剂

玉米化控常用的调节剂有乙烯利、玉米健壮素、矮壮素等单剂。市场上不同名称的调节剂较多，大多是上述化学药品的单剂或混剂。

2. 施药时期

根据化学调节剂的不同性质选择施药时期，一般最佳使用时期为玉米7～10叶期（完全展开叶）。在拔节期前喷药主要是控制玉米下部茎节的高度，拔节期后施用主要是控制上部茎节的高度。

3. 施用方法

对于玉米苗期施用氮肥过多，或雨水较大，往往会造成幼苗徒长。在玉米6～10片叶的时候，可选用25%甲哌鎓水剂300～500倍液，30%玉黄金水剂（主要成分是胺鲜酯和乙烯利）10 mL/亩、兑水15 kg，均匀喷洒在叶片上；在玉米7～10叶期喷施。喷药时要均匀喷洒在上部叶片上，不要重喷、漏喷，喷药后6 h内如遇雨淋，可在雨后酌情减量再喷施1次。

（三）注意事项

1. 大豆

大豆玉米间作种植时，可以利用烯效唑通过拌种、叶面喷施等方式，来改善大豆株型，延长叶片功能期与生育期，合理利用温、光条件，促进植株健壮生长，防止倒伏。但一定要严格控制烯效唑的施用量和施用时间。如果不利用烯效唑进行种子拌种，而采用叶面喷施化学调控药剂时，一般要在开花前进行茎叶喷施，化控时间过早或烯效唑过量，均会导致大豆生长停滞，影响产量。综合考虑烯效唑拌种能提高大豆出苗率，又利于施用操作和控制浓度，可研究把烯效唑作成缓释剂，对大豆种子进行包衣，简化烯效唑施用，便于大面积推广。

2. 玉米

玉米化控的原则是喷高不喷低，喷旺不喷弱，喷绿不喷黄。施用玉米化控调节剂时，一定要严格按照说明配制药液，不得擅自提高药液浓度，并且要掌握好喷药时期。喷得过早，会抑制玉米植株正常的生长发育，造成玉米茎秆过低，影响雌穗发育；喷得过晚，既达不到应有的效果，还会影响玉米雄穗的分化，导致花粉量少进而影响授粉和产量。

（四）存在问题

大豆开花前，茎叶喷施化控剂过量，导致生长停滞，影响产量。

大豆喷施化控剂过量，抑制生长表现

五、防治害虫

大豆玉米带状间作复合种植，要注意关键生育时期田间害虫的防治，可用机械飞防，大豆玉米可同时喷施药剂，做到"一喷双防"。

（一）大豆

间作大豆的主要害虫是地下害虫、点蜂缘蝽、甜菜夜蛾、斜纹夜蛾、豆荚螟、食心虫等。防治地下害虫，可采用6.25%咯菌腈·精甲霜灵悬浮种衣剂包衣或拌种的方法。防治点蜂缘蝽要在大豆盛花期，将噻虫嗪和高效氯氟氰菊酯的复配药剂再加上毒死蜱，混合喷雾防治。早晨或傍晚害虫活动较迟钝，防治效果好，建议集中飞防。防治甜菜夜蛾、斜纹夜蛾、豆荚螟、食心虫等，将甲氨基阿维菌素苯甲酸盐（甲维盐）和茚虫威（或虫螨腈、虱螨脲、氟铃脲、虫酰肼等）复配杀虫剂，配合高效氯氰菊酯、有机硅助剂等，喷雾防治，最好在3龄前防治幼虫。

（二）玉米

间作玉米的主要害虫是地下害虫、玉米螟、棉铃虫、桃蛀螟、黏虫等。防治地下害虫，包衣是最经济有效的方法，可购买经过包衣的商品种子；防治玉米螟、棉铃虫、桃蛀螟、黏虫等，可利甲氨基阿维菌素苯甲酸盐（甲维盐）和茚虫威（或虫螨腈、虱螨脲、氟铃脲、虫酰肼等）复配杀虫剂，配合高效氯氰菊酯、有机硅助剂等开展防治。

（三）注意事项

病虫害防治不及时会影响大豆和玉米的产量，因此要高度重视。

一是要及早发现，尽快防治；二是选择适合的农药种类；三是喷足量的水，人工防治需水最少30 kg/亩，飞防需2.0 kg/亩左右。

大豆玉米带状间作复合种植飞机防治病虫害

六、机械收获

大豆玉米带状间作复合种植，要在大豆、玉米完熟期收获。根据大豆、玉米成熟顺序和种植模式，合理调配机械，适期收获。可先收获大豆，再收获玉米；也可先收获玉米，再收获大豆；或者大豆、玉米同时收获。

（一）大豆

在大豆收获过程中，由于机械使用调整不当而造成的收获损失高达10%以上。

1.适时收获

大豆完熟期收获，表现为叶片全部脱落，茎秆、豆荚和籽粒均呈现出品种的色泽，籽粒含水量降至15%以下，用手摇动植株发出清脆响声。机械收获时要避开有露水的时间，清除高秆或缠绕的绿色杂草，防止籽粒黏附泥土，影响外观品质。大豆玉米带状间作复合种植模式，大豆成熟后可用适宜割台宽度和机械宽度的自走式大豆联合收割机收获大豆。

2. 机械收获

选择大豆专用收割机，要调整好拨禾轮转速、滚筒转速和间距、割台高度，减轻拨禾轮对植株的击打力度，减少落荚落粒损失，降低破碎率，减少收获损失。要求割茬一般10 cm左右，不留底荚，不丢枝，综合收割损失率小于5%，破损率小于3%，泥花脸率小于5%。如果成熟后再适当晚收2~3 d，籽粒含水量下降到13.5%以下，可不经过晒场，直接入库或由企业收购。

（二）玉米

收获玉米时，要根据玉米的成熟程度确定适宜收获时期，玉米苞叶发黄变白不是玉米籽粒成熟的标志，玉米籽粒的乳线消失出现黑层，呈现出本品种固有的颜色时才能算是玉米的籽粒成熟，这时收获玉米产量最高。收获期过早，玉米籽粒的乳线还没有消失，籽粒还在灌浆时就收获，就会造成玉米减产。乳线到达1/3处收获减产10%以上；到达1/2处收获减产5%~8%。大豆玉米间作3:2种植模式和4:2种植模式，玉米成熟后玉米机械可用自走式玉米收获机收获。

（三）收获方式

1. 先收大豆后收玉米

大豆叶片全部落净，摇动有响声时收获。应选择自走式大豆联合收获机，如大豆玉米带状间作复合种植4:2模式，要选择割台和机身宽度1.4~2.3 m的收获机。作业速度3~6 km/h。也可以利用专用的机械分别进行收获。如个别玉米倒伏，可人工收获，避免大豆中混杂玉米，影响收获质量和销售价格。

2. 先收玉米后收大豆

大豆玉米带状间作复合种植，玉米收获应选择适宜机身宽度的自走式玉米联合收获机。如4:2模式机宽要小于1.5 m。也可以利用专用的机械分别进行收获。可以先收获玉米，再收获大豆。如大豆倾斜或倒伏，可在玉米收获机两侧加装分禾器避免碾压大豆，影响产量。

3. 大豆、玉米同时收获

大豆、玉米同时成熟，可用现有的大豆和玉米联合收获机前后布局，分别收获。如果没有专用的收获机械，大豆玉米带状间作复合种植模式，可以使用玉米专用收获机和大豆专用收割机，分别同时顺序收获玉米和大豆。

自走式大豆联合收割机收获大豆

自走式玉米收获机收获玉米

大豆玉米同时顺序收获

第五章

病虫害综合防控

病虫害综合防控坚持预防为主，综合防治，着力推广绿色防控技术，加强农业防治、生物防治、物理防治和化学防治的协调与配套。绿色防控技术可以减少经济损失、降低使用有毒农药的安全风险、降低破坏生态环境的风险等，从而实现农作物病虫害的科学、绿色防控，保证农田生态系统的稳定性，保证农作物的健康生长，提升农产品的品质和产量。目前，生产上应用最多的绿色防控主推技术主要有免疫诱抗、理化诱控、驱避技术、生物防治、生态控制、生态工程、科学用药。生产上常见方法如下。

农业防治：选用抗病品种，合理轮作换茬；加强田间管理（适期播种、配方施肥、合理密植、防旱排涝、及时除草、中耕培土、清洁田园），深翻晒垡。

物理防治：利用杀虫灯、色板、光波、性信息素、食源等诱控，设置防虫网、银灰膜、植物带，保持密度合理，高温杀虫灭菌等。

生物防治：利用生物天敌（瓢虫、草蛉、食蚜蝇、赤眼蜂）、微生物（细菌、真菌、生物种子和土壤处理）、病毒、生物药剂（阿维菌素、井冈霉素）等防治。

化学防治：这是目前大田生产中应用最广泛、最直接的方法。但注意要选用低毒、低残留、高效的化学农药。

第一节　综合防治

大豆玉米带状间作复合种植，发生病虫害时，一般采用化学防治，是最直接有效的方法。但在大田生产的田间管理中，应坚持病虫害综合防控。以预防为主，综合防治，加强农业防治、生物防治、物理防治和化学防治的协调与配套，最好用低毒、低残留、高效化学农药有效控制病虫为害。

一、农业防治

（一）大豆虫害

1. 地下害虫

（1）轮作倒茬

北方地区豆类作物应避免连作，减少地下害虫的虫源基数。

（2）深耕细耙

秋季深耕细耙，经机械杀伤和风冻、天敌取食等有效减少土壤中地下害虫的越冬虫口基数。春耕耙耢，可消灭地表地老虎卵粒、上升表土层的蛴螬，从而减轻为害。

（3）合理施肥

施用腐熟的有机肥，能有效减少蝼蛄、金龟甲等产卵，碳酸氢铵、腐殖酸铵、氨水、氨化过磷酸钙等化肥深施既提高肥效，又能因腐蚀、熏蒸作用杀伤一部分地蛆、蛴螬等地下害虫。

（4）适时灌水

适时进行春灌和秋灌，可恶化地下害虫生活环境，起到淹杀、抑制活动、推迟出土或迫使下潜、减轻为害的作用。

2. 点蜂缘蝽

首先，大豆收获后进行深耕，消灭在深土中越冬的害虫伪蛹。其次，冬季结合积肥，清除田间枯枝落叶，铲除杂草，及时堆沤或焚烧，可消灭部分越冬成虫，压低越冬虫源基数。再次，及时铲除田边早花早实的野生植物，避免其作为早春过渡寄主，减少部分虫源。最后，增施磷钾肥和有机肥，提高大豆的抵抗能力。

3. 甜菜夜蛾和斜纹夜蛾

要清除杂草，减少中间宿主，降低虫源；选择抗虫或耐虫的品种和注意大豆品种的更新，如选择适于该地区种植的齐黄34等品种；大豆收获后用犁深翻土地20～25 cm，减少冬季越冬的虫源。

4. 蚜虫

（1）选育抗蚜品种

木质素是大豆对大豆蚜实现防御机制的重要物质，植株抗蚜能力强弱与其木质素含量高低有关。植株叶片内木质素含量高，则该品种抗蚜性较强。野大豆是栽培大豆的近缘种，在野大豆已筛选出丰富的抗蚜种质资源。利用现有种质资源选育抗蚜品种，也是开展大豆蚜综合防控的重要措施。

（2）调整栽培模式

与大豆单种相比，大豆玉米间作，可调控蚜虫和天敌的种群数量，有利于大豆蚜防控。与单种大豆田比较，间作模式中瓢虫数量可增加84%，草蛉数量可增加59%，蜘蛛数量可增加41%。

（3）结合中耕除草

结合中耕，清除田边、沟边杂草，消灭滋生越冬场所，压低虫源基数。

5. 红蜘蛛

大豆红蜘蛛在植株稀疏长势差的地块发生重，而在长势好、封垄好的地块发生轻。只要田间不旱，大豆长势良好，大豆红蜘蛛一般不会大发生。因此，农业防治的关键，一是要保证保苗率，施足底肥，并要增加磷钾肥的施入量，以保证苗齐苗壮，后期不脱肥，增强大豆自身的抗红蜘蛛为害能力。二是要加强田间管理，要及时采取人工除草办法，将杂草铲除干净，收获后及时清除残枝败叶，集中烧毁或深埋，进行翻耕，减少虫源数量。三是要合理灌水施肥，遇气温高或干旱，要及时灌溉，增施磷钾肥，促进植株生长，抑制害螨增殖。

6. 烟粉虱

（1）调整作物布局，切断扩散桥梁寄主

大豆玉米间作，可以利用非烟粉虱寄主作物玉米，形成作物隔离带，在烟粉虱发生的核心区周围，控制迁移扩散。尽量避免在豆田周围种植瓜菜类等烟粉虱嗜好性强的作物。

（2）及时清理田园

通过清理田园及田边、沟边杂草，控制烟粉虱传播扩散。

（3）选择抗性品种

大豆品种不同，对烟粉虱的抗性也不同。因此，种植大豆时要注意结合品种的产量、品质等其他性状特点，选用抗虫性好的大豆品种，以减轻为害损失。

（4）合理施肥

注意有机肥和生物菌肥的使用，配合氮磷钾肥，适时补充微量元素，提高豆花抗性，减轻为害。

（二）玉米虫害

1. 地下害虫

地下害虫发生为害情况与田间管理水平、寄主植物种植年限有密切关系。深耕晒垡可迅速降低田间金针虫和蛴螬虫口密度；大水漫灌和适时浇水可减轻为害；科学施肥（选择充分腐熟、对地下害虫有趋避作用的有机化肥）；保持田间的清洁（切断食料来源和减少产卵量），同时，休耕或轮作种植非食谱作物也能有效降低地下害虫虫口数量。

2. 二点委夜蛾

（1）机械灭茬

麦收后使用灭茬机或浅旋耕灭茬后再播种玉米，可以恶化成虫产卵环境，破坏幼虫栖息场所。既可有效减轻二点委夜蛾为害，也可提高播种质量。

（2）播种沟外露

清除玉米播种沟上的麦秸、杂草等覆盖物，创造不利于二点委夜蛾接触玉米苗的环境，同时也有助于提高化学防治效果。

3. 玉米螟

（1）处理越冬秸秆

在4月中旬以前粉碎处理玉米秸秆。在堆放玉米秸秆的地方，最好在地面撒上药粉，以杀死越冬的幼虫。

（2）选育和引进抗螟高产优质玉米品种

玉米品种的抗虫性，直接影响玉米螟为害程度、发育进度、着卵率等。生产上应选用和引进抗玉米螟且高产优质的玉米品种。

（3）机械收割

采用机械收割，可完全杀死在茎秆和穗轴内越冬的幼虫。

4. 棉铃虫、黏虫、桃蛀螟、甜菜夜蛾

（1）秋耕深翻

玉米收获后，及时深翻耙地，集中铲除田边、地头杂草，破坏棉铃虫等害虫的越冬环境、减少繁殖场所，可大量消灭越冬蛹，提高越冬虫死亡率，压低越冬虫口基数。

（2）轮作倒茬

轮作倒茬是降低虫源的一个有效措施。

5. 蚜虫

（1）加强田间管理

及时清除田内外以及路边、沟边禾本科杂草、清除蚜虫滋生地，减少虫源。

（2）搞好麦田防治，减轻玉米蚜害

玉米上的蚜虫多由小麦田迁飞而来，因而防治好麦蚜，可显著减少玉米蚜为害。

（3）选择抗蚜品种

不同寄主及不同品种间蚜虫发生为害程度存在差异，种植抗蚜品种可以有效控制蚜虫的为害。

6.叶螨

（1）深耕土壤

种植玉米前要先平整土地，然后对土壤进行深耕细作，使地面杂草埋入地下，减少越冬代红蜘蛛卵的存活基数，从而降低第1代发生面积，有利于后期防治。

（2）科学施肥

根据土壤特性，按照玉米生长期吸收养分的情况采取配方施肥，土壤耕作前多施有机肥和磷钾肥，提高植株抗病虫害能力，同时选用抗性强的优良玉米品种。

（3）清除杂草

玉米种植后，要根据墒情及时中耕除草。为了提高玉米质量，少用化学药剂除草，最好采用人工清除的办法，同时把杂草带到玉米田外集中烧毁。如果是麦茬地，最好在播种前田间喷1遍杀虫剂，同时兼治玉米二点委夜蛾。

（三）大豆病害

1.根腐病

（1）选育抗（耐）病品种

根腐病菌从大豆种子发芽期到生长中后期都能侵染大豆，所以选育优良的抗（耐）病品种是防治大豆根腐病十分有效和可靠的方法。

（2）合理耕作

实行与禾本科作物3年以上轮作，严禁大豆重迎茬。推广垄作栽培，有利于增温、降湿，减轻病害。及时进行中耕培土，以利于促进根系的生长发育，培育壮苗，增强其抗病力。

（3）适时晚播

根据土壤温度回升情况确定播期，地温回升慢时要避免早播，当地温稳定通过8 ℃以上时可开始播种。在保证墒情的前提下，播深不要超过5 cm，一般以3~4 cm为宜。

（4）及时排水，降低土壤湿度

整地时及时进行耕翻、平整细耙，改善土壤通气状态，减少田间积水。

（5）合理施肥

增施有机肥；施用适量的磷钾肥及微肥，提高大豆植株根部的抗病和耐病能力；使用多元复合液肥进行叶面追施，以弥补肥料的不足。

2.立枯病

（1）选用抗病品种

选用无病种源，减少初侵染源。

（2）栽培措施

与禾本科作物实行3年轮作减少土壤带菌量，减轻发病；秋季应深翻25～30 cm，将表土病菌和病残体翻入土壤深层腐烂分解，可减少表土病菌，同时疏松土层，利于出苗；适时灌溉，雨后及时排水，防止地表湿度过大，浇水要根据土壤湿度和气温确定，严防湿度过高，时间宜在上午进行；低洼地采用垄作或高畦深沟种植，适时播种，合理密植；提倡施用酵素菌沤制的堆肥和充分腐熟的有机肥，增施磷钾肥，同时喷施新高脂膜，避免偏施氮肥；施用石灰调节土壤酸碱度，使种植大豆田块酸碱度呈微碱性。

3.炭疽病

选用抗病品种或无病种子，保证种子不带病菌。播前精选种子，淘汰病粒。合理密植，避免施氮肥过多，提高植株抗病力。加强田间管理，及时深耕及中耕培土。雨后及时排除积水防止湿气滞留。收获后及时清除田间病株残体或实行土地深翻，减少菌源。提倡实行3年以上轮作。

4.胞囊线虫病

（1）选育和使用抗胞囊线虫大豆品种

目前我国已培育出抗胞囊线虫病的大豆品种。生产上要注意抗病品种的轮换使用，延长抗胞囊线虫病大豆品种使用年限。

（2）与非寄主植物轮作

大豆胞囊线虫病为害严重的地块应与非寄主植物轮作5年以上。

（3）加强栽培管理

增施底肥和种肥，促进大豆健壮生长，增强植株抗病力；苗期叶面喷施硼钼微肥，对增强植株抗病性也有明显效果。

（4）合理灌溉

土壤干旱有利于大豆胞囊线虫为害，适时灌水，增加土壤湿度，可减轻为害。在大豆苗期及时喷灌，提高土壤湿度，抑制线虫孵化侵入。

5.病毒病

一是选用抗病品种，并选用无病毒种粒。

二是适期播种，适期播种是防治的关键。播种过早的田块发病较重。

三是加强肥水管理，培育健壮植株，增强抗病能力。

四是合理轮作，尽量避免重茬，采取玉米和大豆轮作，可减轻病害。

6.紫斑病和灰斑病

（1）精选良种

防治该病首先要做好选种工作，选用抗病性好的优良品种，清除带病斑的种子。或选用早熟品种，有明显的避病作用。

（2）科学管理

播前精细整地、深耕深翻、适时播种；合理密植，避免重茬；收获后及早清除田间病残株叶，带出田外深埋或烧毁，销毁病株；土地深耕深翻，加速病残体的腐烂分解，减少病源；可与非大豆类作物隔年轮作，以减少田间病菌来源；适时浇水、遇旱浇水，注意清沟排湿，防止田间湿度过大；及时防治病虫草害。

7.霜霉病

一是选用高抗霜霉病的大豆品种。

二是调整种植方式。大豆玉米间作种植方式能够显著降低大豆霜霉病的发病率和病情指数，分别较大豆单作模式降低31.2%和47.5%。

三是加强田间的栽培管理。提倡实行至少两年以上轮作，并且秋收后及时进行秋翻地，减少初侵染源。根据不同品种合理密植，做到肥地宜稀，薄地宜密，并及时中耕除草，使田间通风透光，及时排出豆田积水，降低田间湿度，创造不利于大豆霜霉病的发病条件。

8.锈病

一是选用抗病品种。

二是清除田间及四周杂草，深翻地灭茬、晒土，促使病残体分解，减少病源。

三是出苗后进行中耕除草，一方面增加土壤透气性，使植株生长健壮；另一方面使田间通风透光，降低田间湿度。

四是和非本科作物轮作，水旱轮作最好。

五是选用排灌方便的田块。开好排水沟，降低地下水位，达到雨停无积水；大雨过后及时清理沟系，防止湿气滞留，降低田间湿度，这是防病的重要措施。

9.白粉病

选用抗病品种。收获后及时清除病残体，集中深埋或烧毁。加强田间管理，培育壮苗。合理施肥浇水，增施磷钾肥，控制氮肥。

（四）玉米病害

1.叶斑病

（1）积极利用和推广抗病性强的品种

玉米品种抗病性是影响叶斑病流行的重要因素，在选种和种植的过程中，要选择抗病性强的玉米品种，精选良种，并提高玉米种子质量在种植之前还要对种子进行科学的处理。

（2）改善玉米种植环境

大豆玉米间作种植对玉米叶斑病有控制作用，既可改变单一品种种植的空间格局，延缓病害的发生和传播速度，又可提高作物对光照、温度的利用效率，提高单位面积产量。

2.粗缩病

（1）选育抗病品种

一般硬粒型比马齿型单交种抗病。

（2）调整玉米播期避病

传毒介体灰飞虱迁移传毒高峰期与玉米敏感叶龄期（6叶以下）的吻合程度，是影响玉米粗缩病发生轻重的重要因素。因此，调整播种期、错开传毒感病高峰期，是预防该病的有效措施，夏玉米在6月15日后播种，不种半夏玉米。

（3）加强田间管理

及时清除玉米田间、地头杂草，减少初始毒源和破坏传毒昆虫的繁衍地；加强玉米的肥水管理，促进玉米健壮生长，提高其抗病性；及时拔除田间零星病株，避免成为再侵染的毒源。

3.茎腐病

一是选育和种植抗病品种是防治茎腐病最经济有效的措施。

二是田间植株病残体的清理。玉米收获后将植株的残体带到田外进行深埋、焚烧或通过沼气池发酵处理，不可随意地丢弃在田里或田间地头，同时种植过的土壤要进行深翻，阳光充分照射杀菌；用病残体沤制的有机肥要经过高温处理，腐熟后才能使用；对重病地块要避免连作，可实行3年以上轮作倒茬。

三是加强田间管理措施。选用一些熟期相近、生态类型及抗病性不同的玉米品种进行间混种植，能明显增强群体抗病性；合理密植，控制种植密度，提高田间透气性；适期晚播，使玉米的感病期躲开多雨高湿的8月；苗期注意蹲苗，促进玉米幼苗根系生长发育，增强根系抗侵染能力；雨后及时排水，避免田间积水，降低田间湿度；合理施肥，在玉米生育前期施用氮、磷、钾比例为1∶4∶5的混合肥，生育后期施用比例为1∶1∶5，可有效地提高玉米对茎基腐病的抗性。

4.丝黑穗病

（1）选择抗病品种

选择抗丝黑穗病的玉米品种是最经济有效的防治方法。选择在当地已经种植多年且抗病性较好的品种，因地制宜做好品种选择；在同一生态作物区，一定要按科学的比例种植类型不同的杂交种，避免玉米品种种植单一化。

（2）加强栽培管理

深翻土壤将病菌带至播种土层的下面，能使菌源大大减少，还能降低发病概率；有条件的地方3年一轮作，基本上可以消除其为害；病株在病穗膜未破裂前拔除，并带出田间之外深埋，以免病菌再次进入土中；合理地施用氮磷钾肥。

二、物理防治

（一）大豆虫害

1.甜菜夜蛾和斜纹夜蛾

在田间甜菜夜蛾发生时，及时进行田间观察，发现叶片上有卵块或刚孵化的幼虫还没有扩散时，及时摘除叶片和卵块。在豆田集中的田块布置太阳能杀虫灯或频振式杀虫灯，有效地诱杀成虫。可利用糖、酒、醋混合发酵液加少量敌百虫诱杀或用柳树或杨树枝诱集成虫，以6~10根树枝扎成一把，每亩插10余把，每天早晨露水未干时人工捕杀诱集成虫。

2.红蜘蛛

注意监测虫情，发现少量叶片受害时，及时摘除虫叶烧毁，减少虫口密度。

3.烟粉虱

利用烟粉虱对苘麻的趋性，可在豆田周边种植苘麻诱集带，诱集烟粉虱取食和产卵，随后集中进行处理。

（二）玉米虫害

1.地下害虫

根据成虫具有较强趋光性，在成虫发生期夜间采用黑光灯、频振式杀虫灯进行诱杀，可有效诱杀蝼蛄、蛴螬、地老虎等成虫；也可利用诱蛾器加糖醋液诱杀地老虎等成虫；寄主植物蓖麻、玫瑰花和白花草木樨等也被用来诱杀金龟子成虫；小地老虎成虫利用黑光灯、糖醋液、杨树枝和性诱剂等进行诱杀，对高龄幼虫可采用人工或机械进行捕杀。

2.二点委夜蛾

利用成虫趋光性的特点，在玉米田悬挂诱虫灯，50 m左右挂1盏，在成虫发生期开启诱虫灯，为了提高效果，可在灯内放置性诱剂。

3.玉米螟

利用黑光灯等诱虫灯诱杀越冬代成虫，降低基数。

4.棉铃虫、黏虫、桃蛀螟、甜菜夜蛾

（1）杨树枝把诱杀

利用蛾类成虫对半枯萎的杨树枝把有很强的趋化性，在成虫发蛾期，插杨树枝把诱蛾，可消灭大量成虫，此方法可降低孵化率达20%左右，对减少当地虫源作用较大，是行之有效的综防措施。

（2）诱虫灯诱集成虫

利用成虫的趋光性，在成虫发生期，在田间设置黑光灯或高压汞灯诱杀棉铃虫成虫，灯距以200 m为好，对天敌杀伤小，杀虫数量大。

三、生物防治

（一）大豆虫害

1.地下害虫

在土壤含水量较高或有灌溉条件的地区，可利用白僵菌粉剂14 kg/hm²，均匀拌细土15～25 kg制成菌土，与种肥拌匀，播种时利用播种机随种肥、种子一起施入地下，也可用绿僵菌颗粒剂44 kg/hm²直接随种子播种覆土。在大豆生长期（蛴螬成虫始发期）可用白僵菌粉剂14 kg/hm²，绿僵菌粉剂3.5 kg/hm²进行田间地表喷雾。

2.甜菜夜蛾和斜纹夜蛾

包括利用天敌寄生蜂、病原微生物和昆虫寄生线虫等自然控制因子。保护并利用天敌，例如蛙类、鸟类、蜘蛛类、捕食螨类、隐翅虫等捕食性天敌和寄生蝇、寄生蜂（黑卵蜂、姬蜂等）等寄生性天敌，利用自然因素控制甜菜夜蛾、斜纹夜蛾为害。适度推广使用生物农药等生物防治措施，采用Bt制剂以及专门病毒制剂（主要有多核蛋白壳核多角体病毒和颗粒体病毒）等，每隔7 d喷1次。有利于减少环境污染，形成良性循环，对农业生产长期有利。

3．蚜虫

保护天敌对大豆蚜虫种群具有较好控制作用。目前，已有多达80多种大豆蚜虫天敌资源被发现。大豆蚜虫捕食性天敌包括食蚜蝇、草蛉、瓢虫、蜘蛛及螨类，优势种类为异色瓢虫、七星瓢虫和小花蝽。大豆蚜虫寄生性天敌包括日本豆蚜茧蜂、豆柄瘤蚜茧蜂、蚜小蜂、棉蚜蚜茧蜂、菜蚜茧蜂、黄足蚜小蜂、麦蚜茧蜂、阿拉布小蜂等。大豆蚜虫的病原性天敌，主要是白僵菌等真菌，还包括弗氏新接霉蚜霉菌、块状耳霉、暗孢耳霉、冠耳霉、有味耳霉、新蚜虫疠霉、努利虫疠霉等。

4．红蜘蛛

保护和利用天敌，塔六点蓟马、钝绥螨、食螨瓢虫、中华草蛉、小花蝽等对红蜘蛛种群数量有一定控制作用。

5．烟粉虱

（1）保护利用天敌

豆田烟粉虱天敌种类众多，像瓢虫、草蛉、小花蝽、捕食螨、蜘蛛等捕食性天敌和丽蚜小蜂等寄生性天敌共百余种。选择对天敌杀伤性小的农药，保护天敌在自然中大量繁殖，控制烟粉虱的发生。

（2）利用生物农药

可利用昆虫生长调节剂、植物源农药、抗生素类农药等防治烟粉虱。可选用抗生素类杀虫剂1.8％阿维菌素乳油2 000～3 000倍液；植物源杀虫剂6％烟百素乳油1 000倍液；0.3％印楝素乳油、0.3％苦参碱水剂等，对烟粉虱有驱避、拒食和直接杀伤作用；昆虫几丁质酶抑制剂可选用25％噻嗪酮可湿性粉剂1 000～1 500倍液。

（二）玉米虫害

1．地下害虫

主要是利用生物制剂和天敌生物来控制地下害虫。天敌生物主要包括：昆虫天敌、病原线虫和病原微生物等。蛴螬的昆虫天敌以寄生蜂为主；松毛虫赤眼蜂、线虫等可用来有效控制小地老虎；苏云金芽孢杆菌对蛴螬和金针虫低龄幼虫具有明显致死作用；性诱剂也是理想的生物防治和物理防治兼顾的控害策略。

2．玉米螟

（1）使用性诱剂

利用性诱芯或性外激素诱捕器诱杀或迷向雄蛾。

（2）保护利用天敌

玉米螟的天敌很多，卵寄生蜂有赤眼蜂、黑卵蜂；幼虫和蛹寄生蜂有黄金小蜂、姬蜂、小黄蜂、大腿蜂、青黑小蜂和寄生蝇，捕食性天敌主要有瓢虫、步行虫、食虫虻和蜘蛛等。有条件的地方可人工饲养松毛虫赤眼蜂，消灭螟卵，在6月中旬及7月下旬，放长效蜂卡两次，每亩释放1万～2万头。

（3）白僵菌封垛

在越冬幼虫化蛹前10～15 d，将菌粉分层喷洒在寄主秸秆垛内，菌粉用量100～150 g/m³。

（4）苏云金杆菌喷施

可在心叶末期前后，喷洒Bt乳剂，每亩用药量150 mL，每亩喷施药液25 L。

3.棉铃虫、黏虫、桃蛀螟、甜菜夜蛾

（1）保护利用天敌

田间使用对天敌杀伤性小的低毒农药，发挥天敌的自然控制作用。主要天敌有龟纹瓢虫、红蚂蚁、叶色草蛉、中华草蛉、大草蛉、隐翅甲、姬猎蝽、微小花蝽、异须盲蝽、狼蛛、草间小黑蛛、卷叶蛛、侧纹蟹蛛、三突花蛛、蚁型狼蟹蛛、温室希蛛、黑亮腹蛛、螟黄赤眼蜂、侧沟茧蜂、齿唇姬蜂、多胚跳小蜂等。也可以释放赤眼蜂、草蛉等商品化天敌。

（2）喷施害虫病毒液

产卵盛期喷施核多角体病毒。

4.蚜虫

（1）保护利用天敌

玉米田存在大量天敌，包括瓢虫、草蛉、食蚜蝇、小花蝽、蜘蛛等。当玉米苗期天敌数量较多的情况下，尽量避免药剂防治或选用对天敌无害的农药防治。保护和释放这类天敌，可有效地控制蚜虫。

（2）植物农药防治

利用一些植物源农药防治蚜虫。

5.叶螨

红蜘蛛的天敌主要有中华草蛉、食螨瓢虫和捕食螨类等。根据调查，中华草蛉种群数量较多，喷药时尽量避开天敌繁殖期，才能有效利用天敌进行防治。培育天敌并在合适时间进行施放，达到无公害防治效果。

利用烟碱、苦参碱、阿维菌素等生物农药喷雾防治。

（三）大豆病害

1.根腐病

生防菌可有效、持久地防治大豆根腐病，至今已发现的大豆根腐病生防菌主要为真菌、细菌和放线菌链霉菌及其他变种三大类。大豆根腐病生防真菌主要有木霉菌、酵母菌、青霉菌、毛壳菌等。

2.胞囊线虫病

可以使用4 000 IU/mg苏云金杆菌悬浮种衣剂，或生物种衣剂SN101按1∶70（药种比）进行包衣。

（四）玉米病害

茎腐病，可采用木霉菌拌种、细菌拌种或木霉菌穴施配合细菌拌种进行生物防治。

第二节　主要病害化学防治

一、大豆

大豆田间病害主要有根腐病、立枯病、炭疽病、胞囊线虫病、病毒病、紫斑病、灰斑病（褐斑病）、霜霉病、锈病、白粉病。其中，苗期病害主要有根腐病、立枯病、炭疽病、胞囊线虫病等。

（一）根腐病

1.为害症状

根腐病是大豆的一种重要土传病害，在国内外大豆产区均有发生。该病害是一种对大豆苗期为害较重的常发性病害，症状表现主要是主根为被害部位。连作时病害发生严重，幼株较成株感病性更强。病害侵染在幼苗至成株均可发病，以苗期、开花期发病多。根腐病在大豆整个生长发育期均可发生并造成危害，减产幅度达25%～75%或更多，被害种子的蛋白质含量明显降低。主要症状是茎基部出现黑褐色病斑，并向上以不同程度扩散至下部侧枝，使病茎髓部变褐，叶柄基部缢缩，叶片下垂，但不脱落。

大豆苗期根腐病表现　　　　　　　　大豆成熟期根腐病表现

2. 防治方法

最好的防治方法是用噻虫·咯·霜灵、噻虫嗪·咯菌腈等拌种或包衣。也可用70%甲基硫菌灵或70%代森锌可湿性粉剂500倍液灌根，或与生根壮苗叶面肥一起喷施，有一定效果。

（二）立枯病

1. 为害症状

大豆立枯病又称黑根病，是大豆的一种苗期重要病害，全国各地均有分布。主要侵染大豆茎基部或地下部，也侵害种子。病害严重年份，轻病田死株率在5%~10%，重病田死株率达30%以上。发病初病斑多为椭圆形或不规则形状，呈暗褐色，发病幼苗在早期时呈现白天萎蔫、夜间恢复的状态，并且病部逐渐凹陷、溢缩，甚至逐渐变为黑褐色，当病斑扩大绕茎一周时，整个植株会干枯死亡，但仍不倒伏。发病比较轻的植株仅出现褐色的凹陷病斑而不枯死。当苗床的湿度比较大时，病部可见不甚明显的淡褐色蛛丝状霉。从立枯病不产生絮状白霉、不倒伏且病程进展慢来看，可区别于猝倒病。

大豆苗期立枯病表现

2. 防治方法

该病以拌种或包衣防治为主。可用70%甲基硫菌灵、20%甲基立枯磷乳油500倍液进行喷雾防治。

（三）炭疽病

1. 为害症状

炭疽病是大豆的一种常见病害，各生长期均能发病。幼苗发病，子叶上出现黑褐色病斑，边缘略浅，病斑扩展后常出现开裂或凹陷，气候潮湿时，子叶变水浸状，很快萎蔫、脱落。病斑可从子叶扩展到幼茎上，致病部以上枯死。幼茎上生锈色小斑点，后扩大成短条锈斑，常使幼苗折倒枯死。

成株发病，叶片染病初期，呈红褐色小点，后变黑褐色或黑色，圆形或椭圆形，中间暗绿色或浅褐色，边缘深褐色，后期病斑上生粗糙刺毛状黑点，即病菌的分生孢子盘。叶柄和茎染病后，病斑椭圆形或不规则形，灰褐色，常包围茎部，上密生黑色小点（分生孢子盘）。豆荚染病初期，初生水浸状黄褐色小点，扩大后呈褐色至黑褐色圆形或椭圆形斑，周缘稍隆起，四周常具红褐或紫色晕环，中间凹陷。湿度大时，病部长出粉红色黏质物（区别于褐斑病和褐纹病），内含大量分生孢子。种子染病，出现黄褐色大小不等的凹陷斑。

大豆苗期和生育后期炭疽病表现

2. 防治方法

大豆从苗期至成熟期均可发此病。该病主要为害茎及荚，也为害叶片或叶柄。病荚内无种子，或形成皱缩、干秕、发霉的种子。以拌种或包衣防治为主，用25%溴菌腈可湿性粉剂（炭特灵）2 000~2 500倍液，或50%多菌灵可湿性粉剂1 000倍液等药剂进行喷雾防治。

（四）胞囊线虫病

1. 为害症状

大豆胞囊线虫病又叫大豆根线虫病，俗称"火龙秧子"，其症状表现为苗期感病为子叶及真叶变黄，发育迟缓，植株逐渐萎缩枯死；成株感病为植株明显矮化，叶片由下向上变黄，花期延迟，花器丛生，花及嫩荚萎缩，结荚少而小，甚至不结荚，病株根系不发达，支根减少，细根增多，根瘤稀少，被害根部表皮龟裂，极易遭受其他真菌或细菌侵害而引起瘤烂，使植株提早枯死。发病初期病株根上附有白色或黄褐色如小米粒大小颗粒，此即胞囊线虫的雌性成虫。其为害主要表现在争夺植株的营养、破坏根系对营养和水分的吸收、阻滞根系的发育、降低大豆固氮菌的数量及2龄幼虫的侵入根系和成熟雌虫的膨大而撑破根表皮，增

大豆胞囊线虫病根瘤表现

加表皮的开放度，为其他土居病原物提供侵染点，使大豆对根部病害的敏感度增加。

2. 防治方法

该病主要使用SN101种衣剂按1∶70比例进行包衣，用甲维盐（甲氨基阿维菌素苯甲酸盐）2 000倍液灌根，或用5%丁硫·毒死蜱颗粒剂按5 kg/亩、10%噻唑膦按2 kg/亩，拌土撒施。

（五）病毒病

1. 为害症状

大豆病毒病又称大豆花叶病毒病，是大豆的主要病害之一，为害大、难防治。一般年份减产15%左右，重发年份减产达90%以上，严重影响大豆的产量与品质。大豆整个生育期都能发病，叶片、花器、豆荚均可受害。轻病株叶片外形基本正常，仅叶脉颜色较深，重病株叶片皱缩，向下卷曲，出现浓绿、淡绿相间，呈波状，植株生长明显矮化，结荚数减少，荚细小，豆荚呈扁平、弯曲等畸形症状。发病大豆成熟后，豆粒明显减小，并可引起豆粒出现浅褐色斑纹。严重者有豆荚无籽粒。主要因灰飞虱和蚜虫的为害而引起，常见类型如下。

①皱缩矮化型。病株矮化，节间缩短，叶片皱缩变脆，生长缓慢，根系发育不良。生长势弱，结荚少，也多有荚无粒。

②皱缩花叶型。叶片小、皱缩、歪扭，叶脉有泡状突起，叶色黄绿相间，病叶向下弯曲。严重者呈柳叶状。

③轻花叶型。植株生长正常，叶片平展，心叶常见淡黄色斑驳。叶片不皱缩，叶脉无坏死。

④顶枯型。病株茎顶及侧枝顶芽呈红褐色或褐色，病株明显矮化，叶片皱缩，

质地硬化，脆而易折，顶芽或侧枝顶芽最后变黑枯死，故称芽枯型。其开花期花芽萎蔫不结荚，结荚期表现豆荚上有圆形或无规则褐色斑块，豆荚多变为畸形。

⑤黄斑型。黄斑型病毒病多发生于结荚期，与花叶型混生。病株上的叶片产生浅黄色斑块，多为不规则形状。后期叶脉变褐，叶片不皱缩，上部叶片呈皱缩花叶状。

⑥褐斑型。该病主要表现在籽粒上。病粒种皮上出现褐色斑驳，从种脐部向外呈放射状或带状，其斑驳面积和颜色各不相同。

2. 防治方法

防治病毒病主要应控制蚜虫的传播，可用啶虫脒、吡虫啉防治蚜虫。也可用20%盐酸吗啉胍可湿性粉剂500倍液，或20%吗胍·乙酸铜可湿性粉剂（盐酸吗啉胍10%＋乙酸铜10%）200倍液，在发病初期进行喷雾防治，7～10 d喷1次，连续喷洒2～3次。

大豆生育后期病毒病表现

（六）紫斑病、灰斑病

1. 为害症状

大豆紫斑病可为害其叶、茎、荚与种子。以种子上的症状最明显。苗期染病，子叶上产生褐色至赤褐色圆形斑，云纹状。真叶染病初生紫色圆形小点，散生，扩大后变成不规则形或多角形，褐色、暗褐色，边缘紫色，主要沿中脉或侧脉的两侧发生；条件适宜时，病斑汇合成不规则形大斑；病害严重时叶片发黄，湿度大时叶正反两面均产生灰色、紫黑色霉状物，以背面为多。阴雨连绵、低温寡照的情况下，症状最为明显，对大豆的品质、含油量影响较大。茎秆染病产生红褐色斑点，扩大后病斑形成长条状或梭形，严重的整个茎秆变成黑紫色，上生稀疏的灰黑色霉层。豆荚上病斑近圆形至不规则形，与健康组织分界不明显，病斑灰黑色，病荚内层生有不规则形紫色斑。荚干燥后变黑色，有紫黑色霉状物。大豆籽粒上病斑无一定形状，大小不一，多呈紫红色。病斑仅对种皮造成危害，不深入内部，症状因品种及发病时期不同而有较大差异，多呈紫色。症状较轻的，在种脐周围形成放射状淡紫色斑纹；症状较重的种皮大部变紫色，并且龟裂粗糙。籽粒上的病斑除紫色外，尚有黑色及褐色两种，籽粒干缩有裂纹。有些抗病性差的品种，严重时紫斑率达25%左右，使籽粒大部分或全部种皮变紫色，严重影响商品质量。

大豆灰斑病又称褐斑病、斑点病或蛙眼病。目前大豆灰斑病已成为一种世界性病害。我国大豆灰斑病主要分布在黑龙江、吉林、辽宁、河北、山东、安徽、江苏、四川、广西、云南等大豆种植区，尤以黑龙江省发病最为严重。主要为害大豆的籽粒及叶片，病原菌侵染叶片后产生中央灰褐色、边缘褐色、直径为1~5 mm的蛙眼状病害斑，侵染籽粒后产生的病斑与叶部产生的病害斑相似。病害主要发生在叶片、籽粒和豆荚上。病原菌侵染幼苗子叶时可产生深褐色略凹陷的圆形或半圆形病斑，如遇低温多雨，则能迅速扩展蔓延至幼苗的生长点，使顶芽变褐枯死，形成中心为褐色或灰色、边缘赤褐色、圆形或不规则形病斑，与健全组织分界非常明显。当遇潮湿气候时，病斑背面因产生分生孢子及孢子梗而出现灰黑色霉层。病害严重时，叶片布满斑点，最终干枯脱落。茎部、荚部病斑与叶片部相似，种子受害轻时只产生褐色小斑点，重时形成圆形或不规则形病斑，稍凸出，中部为灰色，边缘红褐色。

大豆紫斑病

大豆灰斑病（褐斑病）

2. 防治方法

紫斑病和灰斑病（褐斑病）从大豆嫩荚期开始发病，鼓粒期为发病盛期，主要为害叶片，发病严重时几乎所有叶片长满病斑，造成叶片过早脱落，可减产20%~30%，品质降低。可用70%甲基硫菌灵可湿性粉剂800~1 000倍液，或25%吡唑醚菌酯乳油1 000倍液，进行喷雾防治，7~10 d喷1次，连续喷洒2~3次。

（七）霜霉病

1. 为害症状

大豆霜霉病从大豆的苗期到结荚期均可发生，其中以大豆生长盛期为主要发病时期，能够为害大豆叶片、茎、豆荚及种子。种子带菌会造成系统性浸染，病苗子叶无症状，幼苗的第一对真叶从叶片的基部沿叶脉开始出现褪绿斑块，沿主脉及支脉蔓延，直至全叶褪绿，复叶症状与之相同。当外界湿度较大时，感病豆株的叶片背面具有褪绿斑块处会密布大量灰白色霉层。幼苗发病，植株孱弱矮小，叶片萎缩，一般在大豆封垄后就会死亡。健康植株受病原侵染是通过病苗上的孢子囊，在叶片表面先形成散生、边缘界限不明显的褪绿点，随后扩展成不规则黄褐色病斑，潮湿时背面附有灰白色霉层。花期前后气候潮湿时，病斑背面密生灰色霉层，最后病叶变黄转褐而枯死。叶片受再侵染时，形成褪绿小斑点，以后变成褐色小点，背面产生霉层，当植株感病严重时，整个叶片干枯，脱落。病原菌侵染豆荚，外部症状不明显，豆荚内部存有大量杏黄色的卵孢子和菌丝，受侵染的种子较小，颜色发白并且没有光泽，主要可造成大豆叶片早落，百粒重及种子油脂含量降低，严重影响大豆产量和品质，在严重发病地块减产能达到50%。

大豆霜霉病叶片背面表现　　　　　　　　大豆霜霉病叶片正面表现

2.防治方法

大豆幼苗、成株叶片、荚及豆粒均可受此病害，带菌种子长出的幼苗，可系统发病。可用25%甲霜灵可湿性粉剂600倍液、90%三乙膦酸铝可湿性粉剂500倍液、72%霜脲·锰锌（代森锰锌64%+霜脲氰8%）可湿性粉剂800~1 000倍液进行喷雾防治。

（八）锈病

1.为害症状

大豆锈病主要为害叶片、叶柄和茎，叶片两面均可发病，一般情况下，叶片背面病斑多于叶片正面，初生黄褐色斑，病斑扩展后叶背面稍隆起，即病菌夏孢子堆，表皮破裂后散出棕褐色粉末，即夏孢子，致叶片早枯。生育后期，在夏孢子堆四周形成黑褐色多角形稍隆起的冬孢子堆。叶柄和茎染病产生症状与叶片相似。

侵染叶片，主要侵染叶背，叶面也能侵染。最初叶片出现灰褐色小点，到夏孢子堆成熟时，病斑隆起于叶表皮层呈红褐色到紫褐色或黑褐色病斑。病斑大小在1 mm左右，由一至数个孢子堆组成。孢子堆成熟时散出粉状深棕色夏孢子。干燥时呈红褐色或黄褐色。冬孢子堆的病菌在叶片上呈不规则黑褐色病斑，由于冬孢子聚生，一般病斑大于1 mm。冬孢子多在发病后期，气温下降时产生，在叶上与夏孢子堆同时存在。冬孢子堆表皮不破裂，不产生孢子粉。在温度、湿度适于发病时，夏孢子多次再侵染，形成病斑密集，周围坏死组织增大，能看到被叶脉限制的坏死病斑。坏死病斑多时，病叶变黄，造成病理性落叶。

病菌侵染叶柄或茎秆时，形成椭圆形或棱形病斑，病斑颜色先为褐色，后变为红褐色，形成夏孢子堆后，病斑隆起，每个病斑的孢子堆数比叶片上病斑的孢子堆多，且病斑大些。多数病斑都在1 mm以上。当病斑增多时，也能看见聚集在一起的大坏死斑，表皮破裂散出大量深棕色或黄褐色的夏孢子。

大豆花期后发病严重，植株一般先从下部叶片开始发病，后逐渐向上部蔓延，直至病株死亡。病斑严重的中下部叶片枯黄，提早落叶。造成豆荚瘪粒，荚数减少，每荚粒数也减少，百粒重减轻，如早期发病几乎不能结荚，造成严重减产。

2. 防治方法

主要为害大豆叶片、叶柄和茎。用15%三唑酮1 500倍液、70%甲基硫菌灵粉剂800倍液、25%嘧菌酯悬浮剂800倍液进行喷雾防治，隔10 d喷1次，连续喷洒2～3次。

大豆锈病为害表现

（九）白粉病

1. 为害症状

大豆白粉病主要为害叶片。该病在世界各地广泛存在，我国的河北、贵州、安徽、广东等地也有发生。病菌生于叶片两面，发病先从下部叶片开始，后向上部蔓延，初期在叶片正面覆盖有白色粉末状的小病斑，病斑圆形，具暗绿色晕圈，后期不断扩大，逐渐由白色转为灰褐色，长满白粉状菌丛，即病菌的分生孢子梗和分生孢子，后期在白色霉层上长出球形黑褐色闭囊壳。最后叶片组织变黄，严重阻碍植株的正常生长发育。白粉菌侵染寄主后，病株光合效能减低，进而影响大豆的品质和产量，感病品种的产量损失可达35%左右。

2. 防治方法

当病叶率达到10%时，可用2%嘧啶核苷类抗生素水剂300倍液、75%百菌清可湿性粉剂500倍液、50%多菌灵800倍液、15%三唑酮乳油800～1 000倍液进行喷雾防治，每隔7～10 d喷1次，兑水60～80 kg进行喷雾防治，连续防治2～3次。

大豆白粉病为害症状

二、玉米

玉米主要病害有大小斑病、褐斑病、粗缩病、茎腐病、丝黑穗病、弯孢叶斑病、灰斑病等。

（一）大小斑病、褐斑病、弯孢叶斑病、灰斑病

1. 为害症状

玉米大斑病又名玉米条斑病、玉米煤纹病、玉米斑病、玉米枯叶病，主要为害玉米叶片，具有很广的分布范围，严重损害了玉米产量和品质。在发病过程中主要侵害叶片，严重时叶鞘和苞叶也可受害，一般先从植株底部叶片开始发生，逐渐向上蔓延，但也常有从植株中上部叶片开始发病的情况。玉米大斑病横行的年份，大面积玉米叶片枯萎，使玉米的生长发育受到严重影响。玉米果实秃尖、灌浆差籽粒干瘪、百粒重下降，其使品质和产量下

玉米大斑病

降。严重时玉米的产量会减少50%以上。在20世纪初，玉米大斑病在美国大面积暴发，玉米每公顷减产4 t以上。

玉米小斑病又称玉米斑点病，为我国玉米产区重要病害之一，在黄河和长江流域的温暖潮湿地区发生普遍而严重。玉米整个生育期均可发病，但以抽雄、灌浆期发生较多。主要为害叶片，有时也可为害叶鞘、苞叶和果穗。常和大斑病同时出现或混合侵染。苗期染病，初在叶片上出现半透明水渍状褐色小斑点，后扩大为椭圆形褐色病斑，边缘赤褐色，轮廓清楚，上有2～3层同心轮纹，病斑进一步发展时，内部略褪色，后渐变为暗褐色，多时融合在一起，叶片迅速死亡。在夏玉米产区发生严重，一般造成减产15%～20%，减产严重的达50%以上，甚至无收。

玉米小斑病

玉米褐斑病是近年来在我国发生严重且传播较快的一种玉米病害。该病害在全国各玉米产区均有发生，其中在河北、山东、河南、安徽、江苏等省为害较重。该病主要发生在玉米叶片、叶鞘及茎秆，先在顶部叶片的尖端发生，以叶和叶鞘交接处病斑最多，常密集成行，最初为黄褐或红褐色小斑点，病斑为圆形或椭圆形到线形，隆起附近的叶组织常呈红色，小病斑常汇集在一起，严重时叶片上出现几段甚至全部布满病斑，在叶鞘上和叶脉上出现较大的褐色斑点，发病后期病斑表皮破裂，叶细胞组织呈坏死状，散出褐色粉末（病原菌的孢子囊），病叶局部散裂，叶脉和维管束残存如丝状。茎上病斑多发生于节的附近。严重影响叶片的光合作用，而这时玉米正值抽穗期和乳熟期，造成玉米的减产。

玉米褐斑病

玉米弯孢霉叶斑病又称黄斑病、拟眼斑病、黑霉病，近年来在我国东北、华北

玉米弯孢霉叶斑病

发生较多，呈上升趋势。如不注意防治，影响光合作用，从而降低玉米产量。弯孢霉菌的寄生范围较广，可寄生玉米、高粱、水稻、小麦、番茄、辣椒及一些禾本科杂草。该菌主要为害叶片，也可为害叶鞘和苞叶。典型病斑为初生褪绿小斑点，逐渐扩展为圆形至椭圆形褪绿透明斑，1~2 mm大小，中间枯白色至黄褐色，边缘暗褐色，四周有浅黄色晕圈。发病严重时，影响光合作用，玉米籽粒瘦瘪，百粒重下降，降低玉米产量。

玉米灰斑病又称尾孢叶斑病、玉米霉斑病，在我国玉米各产区均有发生，近年发病呈上升趋势，为害严重。该病主要为害叶片，先侵染每株玉米的脚叶，由下往上发生为害和蔓延。发病初期病斑椭圆形至长圆形，无明显边缘，灰色至浅褐色病斑，后期变为褐色。病斑多限于平行叶脉之间，湿度大时，病斑背面长出灰色霉状物。发病重时，叶片大部变黄枯焦，果穗下垂，籽粒松脱干瘪，百粒重下降，严重影响产量和品质。

玉米灰斑病

2. 防治方法

发病初期，可用50%甲基硫菌灵可湿性粉剂1 000倍液、20%三唑酮乳油1 500倍液、25%吡唑醚菌酯乳油1 000倍液进行喷雾防治，7~10 d喷1次，连续喷洒2~3次。

（二）粗缩病

1. 为害症状

玉米整个生育期都可感染发病，以苗期受害最重。在玉米5~6片叶即可显症，心叶不易抽出且变小，可作为早期诊断的依据。开始在心叶基部及中脉两侧产生透明的油浸状褪绿虚线条点，逐渐扩及整个叶片。病株叶片宽短僵直，叶色浓绿，节间粗短，顶叶簇生状如君子兰。叶背、叶鞘及苞叶的叶脉上具有粗细不一的蜡白色条状突起，有明显的粗糙感。9~10叶期，病株矮化现象更为明显，上部节间短缩粗肿，顶部叶片簇生，病株高度不到健株一半，多数不能抽穗结实，个别雄穗虽能抽

玉米粗缩病表现

出，但分枝极少，没有花粉。果穗畸形，花丝极少，植株严重矮化，雄穗退化，雌穗畸形，严重时不能结实。玉米粗缩病为害表现在不但降低株高显著，而且降低玉米的经济产量。玉米果穗的长度、穗粒数、单株的籽粒产量等都将随病级的加重而减少。玉米粗缩病严重程度与产量成反比，随着粗缩病病株率的增加，玉米产量跟着降低。

2.防治方法

该病最好的防治方法是包衣，同时用吡虫啉、啶虫脒防止飞虱传播。感病初期可喷施20%吗胍·乙酸铜可湿性粉剂500倍液，7~10 d喷1次，连续喷洒2~3次。

（三）茎腐病

1.为害症状

玉米茎腐病又称青枯病，在我国各玉米产区均有发生，是一种重要的土传病害。在玉米灌浆期开始根系发病，乳熟后期至蜡熟期为发病高峰期。从始见青枯病叶到全株枯萎，一般5~7 d。发病快的仅需1~3 d，长的可持续15 d以上。玉米茎腐病在乳熟后期，常突然成片萎蔫死亡，因枯死植株呈青绿色，故称青枯病。先从根部受害，最初病菌在毛根上产生水渍状

玉米茎腐病

淡褐色病变，逐渐扩大至次生根，直到整个根系褐色腐烂，最后粗须根变成空心。根的皮层易剥离，松脱，须根和根毛减少，整个根部易拔出。逐渐向茎基部扩展蔓延，茎基部1~2节处开始出现水渍状梭形或长椭圆形病斑，随后很快变软下陷，内部空松，一掐即瘪，手感明显。节间变淡褐色，果穗苞叶青干，穗柄柔韧，果穗下垂，不易掰离，穗轴柔软，籽粒干瘪，千粒重、穗粒重、穗长和行粒数降低，脱粒困难。叶片症状有青枯、黄枯和青黄枯3种。如在发病期遇到雨后高温，蒸腾作用较大，因根系及茎基受病害，使水分吸收运输功能减弱，从而导致植株叶片迅速枯死，全株呈青枯症状。如发病期没有明显雨后高温，蒸腾作用缓慢，在水分供应不足情况下叶片由下而上缓慢失水，逐步枯死，呈黄枯症状。如病程发展速度突然由慢转快则表现青黄枯。

2.防治方法

预防茎腐病，需及时防治地下害虫，减少根部伤口，杜绝虫害传菌途径，防止病菌从虫害伤口进入，进而为害植株。

可在种子包衣或拌种时加入多菌灵、咯菌腈等药剂，也能在一定程度上预防玉米茎腐病。此外，可选择50％辛硫磷乳油、20％福·克悬浮种衣剂对玉米进行包衣处理，能减少植株伤口、减轻虫害，进而减少病原菌对植株根茎部的侵染，达到防控病害的目的。

发病初期，用50％多菌灵可湿性粉剂500倍液、70％百菌清可湿性粉剂800倍液、20％三唑酮乳油3 000倍液，或50％苯菌灵可湿性粉剂1 500倍液进行喷雾防治。

（四）丝黑穗病

1. 为害症状

玉米丝黑穗病又称乌米、哑玉米，在华北、东北、华中、西南、华南和西北地区普遍发生，以北方春玉米区、西南丘陵山地玉米区和西北玉米区发病较重。一般年份发病率在2％～8％，个别地块达60％～70％，损失惨重。病菌主要侵害雌穗和雄穗，多数病株果穗较短，基部粗，顶端尖，近球形。不吐花丝，除苞叶外，整个果穗变成一个黑粉包。后期有些苞叶破裂，散出黑粉。黑粉一般凝结成团，内部杂有丝状物，因此称丝黑穗病。也有少数病株果穗呈刺猬头状畸形。大多数病雄穗仍保持原有的穗形，仅个别小穗受害变成黑粉包。也有个别整个雄穗受害变成一个大黑包。

玉米丝黑穗病

丝黑穗病一般到穗期方显症状，但有些病株在生长前期即有异常现象，尤其是幼苗时期，症状表现明显，如在4～5叶上产生1至数条黄白条纹；植株节间缩短，茎秆基部膨大，下粗上细，叶色暗绿，叶片变硬变厚，上挺如笋状。有时分蘖稍有增多，或病株稍向一侧弯曲。雄穗染病后，有的整个花序被破坏变黑；有的花器变形增长，颖片增多，延长；有的部分花序被害，雄花变成黑粉，不能形成雄蕊。有少数受害雌穗苞叶变成丛生细长的畸形小叶状，黑粉极少，也没有明显的黑丝。病株受害较早的一般雌、雄穗均遭为害，受害较晚的雌穗发病而雄穗正常。此外，发病的植株大多矮化，一般情况下黑粉物只生于生殖器官而不生于营养器官。

2. 防治方法

选用抗病玉米品种，可用2.5％咯菌腈悬浮种衣剂包衣。也可将三唑类杀菌剂和其他杀菌剂混合一起进行玉米种子拌种处理，兼治其他苗期病害。在玉米苗期可以使用含有灭菌唑、烯唑醇、戊唑醇等的药液喷雾预防，其中戊唑醇的防治效果最佳、安全性最高。

总之，在大豆玉米带状间作复合种植的病虫害化学防治方面，应该注意：以虫害防治为主，病虫兼治，加强生态控制，辅以化学药剂调控，全面有效地控制病虫害；大豆玉米、生长发育后期施药，最好用高杆喷雾机或飞机作业；病虫害混合发生时，可用杀虫、杀菌剂复配或混合施药，能够兼治兼防多种病虫；进行喷雾作业时要喷洒均匀，田间地头、路边杂草都要喷到。

大豆玉米带状间作种植生育后期飞机施药，综合防控病虫害

第三节　主要虫害化学防治

一、大豆

大豆田间害虫主要有地下害虫、点蜂缘蝽、甜菜夜蛾、斜纹夜蛾、卷叶螟、豆荚螟、棉铃虫、食心虫、造桥虫、蚜虫、斑潜蝇、红蜘蛛等。

（一）地下害虫

大豆地下害虫主要有蛴螬、地老虎、金针虫、蝼蛄等，发生的种类因地而异，在我国发生较为普遍且为害严重的主要是蛴螬和地老虎，其中，在黄淮海夏大豆生产区以蛴螬发生和为害较为严重。

1. 为害症状

蛴螬是金龟甲的幼虫，别名白土蚕、核桃虫。该虫喜食萌发的种子，幼苗的根、茎；苗期咬断幼苗的根、茎，断口整齐平截，地上部幼苗枯死，造成田间大量缺苗断垄或幼苗生长不良，杂草丛生，过多地消耗土壤养分，增加了化除成本或为翌年种植作物留下隐患；成株期主要取食大豆的须根和主根，虫量多时，可将须根和主根外皮吃光、咬断。蛴螬地下部食物不足时，夜间出土活动，为害近地面茎秆表皮，造成地上部植株黄瘦，生长停滞，瘪荚瘪粒，减产或绝收。后期受害造成千粒重降低，不仅影响产量，而且降低商品性。蛴螬成虫喜食叶片、嫩芽，造成叶片残缺不全，加重为害。

小地老虎（*Agrotis ypsilon*）又称地蚕、土蚕、切根虫，是地老虎中分布最广、为害最严重的种类，其食性杂，可取食棉花、瓜类、豆类、禾谷类、麻类、甜菜、烟草等多种作物。该虫是多食性害虫，寄主多、分布广，地老虎幼虫可将幼苗近地面的茎部咬断，使整株死亡。1~2龄幼虫，昼夜均可群集于幼苗顶心嫩叶处，啃食幼苗叶片成网孔状，取食为害；3龄后分散，幼虫行动敏捷，有假死习性，对光线极为敏感，受到惊扰即卷缩成团，白天潜伏于表土的干湿层之间，夜晚出土从地面将幼苗植株咬断拖入土穴，或咬食未出土的种子，幼苗主茎硬化后，改食嫩叶和叶片及生长点；4龄后幼虫剪苗率高，取食量大；老熟幼虫常在春季钻出地表，在表土层或地表为害，咬断幼苗的茎基部，常造成大豆缺苗断垄和大量幼苗死亡，严重影响产量。食物不足或寻找越冬场所时，有迁移现象。

蝼蛄又名拉拉蛄、土狗子等，是我国常见的一种杂食性害虫。蝼蛄主要为害小麦、玉米、豆类、谷子、棉花、烟草和蔬菜，尤其在早春苗床、阳畦及地膜覆盖田发生早、为害重，因此必须重视播种期防治。该虫成虫、若虫均在土中活动，取食播下的种子、幼芽或将幼苗咬断致死，受害的根茎部呈乱麻状。由于蝼蛄的活动将表土层穿成许多隧道，使苗根脱离土壤，致使幼苗因失水而枯死，造成缺苗断垄。

2. 防治方法

（1）土壤处理

结合播前整地，进行土壤药剂处理。可选每亩用5%辛硫磷颗粒剂200 g拌30 kg细沙或煤渣撒施。

（2）药剂拌种

最好的方法是用6.25%咯菌腈·精甲霜灵悬浮种衣剂包衣或拌种，每100 kg大豆种子用6.25%咯菌腈·精甲霜灵悬浮种衣剂300~400 mL进行种子包衣；或用30%多·福·克悬浮种衣剂包衣，药种比例为1:50，兼治根腐病；或用30%吡醚·咯·噻虫悬浮种衣剂拌种，均匀喷拌于种子上，堆闷6~12 h，待药液吸干后播种，可防蛴螬等为害种芽。选用的药剂和剂量应进行拌种发芽试验，防止降低发芽率及发生药害。

（3）苗后防治

可用500 g 48%毒死蜱乳油拌成毒饵撒施；或用5%辛硫磷颗粒剂直接撒施。苗期地下害虫为害较重时，也可进行药液浇根，用不带喷头的喷壶或拿掉喷片的喷雾器向植株根际喷药液，可喷施48%毒死蜱乳油、10%吡虫啉可湿性粉剂等，防治成虫，将绿僵菌与毒死蜱混用杀虫效果最佳。

地老虎　　　　　　　　　　　　　金针虫

（二）点蜂缘蝽

近几年，点蜂缘蝽已经成为大豆生产的主要虫害，其吸食叶片、茎秆、籽粒汁液，造成产量、品质降低，严重时会造成大豆颗粒无收。

1. 为害症状

点蜂缘蝽（*Riptortus pedestris*）又称白条蜂缘蝽、豆缘蝽象，是目前为害大豆最严重的一种害虫。在我国东北、华北、西北和南方均有分布，近年来，在黄淮海及南方大豆栽培地区发生为害较重。寄主为大豆、蚕豆、豇豆、豌豆、丝瓜、白菜等蔬菜及稻、麦、棉等作物。成虫和若虫均可为害大豆，成虫为害最大，为害方式为刺吸大豆的嫩茎、嫩叶、花、荚的汁液。被害叶片初期出现点片不规则的黄点或黄斑，后期一些叶片因营养不良变成紫褐色，严重的叶片部分或整叶干枯，出现不同程度、不规则的孔洞，植株不能正常落叶。北方地区春、夏播大豆开花结实时，正值点蜂缘蝽第1代和第2代羽化为成虫的高峰期，往往群集为害，从而造成植株的蕾、花脱落，生育期延长，豆荚不实或形成瘪荚、瘪粒，严重时全株瘪荚，颗粒无收。研究表明，点蜂缘蝽等刺吸害虫为害是导致大豆"荚而不实"型"症青"现象发生的主要原因之一。

2. 防治方法

早晨或傍晚害虫活动较迟钝，防治效果好。

在大豆开花结荚期，用22%噻虫·高氯氟微囊悬浮剂（噻虫嗪12.6%+高效氯氟氰菊酯9.4%）+毒死蜱，或噻虫嗪和高效氯氟氰菊酯的复配药剂，与毒死蜱混合，每亩用药430 kg，进行茎叶喷雾防治，7～10 d喷药1次，连续防治2～3次。早晨或傍晚害虫活动较迟钝，防治效果好，注意交替用药。建议大面积示范推广时集中飞防。

点蜂缘蝽成虫

点蜂缘蝽为害豆荚

点蜂缘蝽为害后果

（三）甜菜夜蛾、斜纹夜蛾

甜菜夜蛾和斜纹夜蛾是苗期为害大豆的主要害虫。

1. 为害症状

甜菜夜蛾（*Spodoptera exigua*），又名白菜褐夜蛾，俗称青虫。是一种世界性顽固害虫，全国各地均有发生，除了为害大豆外，还为害甘蓝、花椰菜、大葱、萝卜、白菜、莴苣、番茄等170多种作物。大豆幼苗期至鼓粒期均有甜菜夜蛾为害，以幼虫躲在植株心叶内取食为害，初孵幼虫食量小，在叶背群集吐丝结网，在其内取食叶肉，留下表皮成透明小孔，受害部位呈网状半透明的窗斑，干枯后纵裂。3龄后幼虫，分散为害，食量大增，昼伏夜出，为害叶片成孔洞、缺刻，严重时，可吃光叶肉，仅留叶脉和叶柄，致使豆叶提前干枯、脱落，甚至剥食茎秆皮层。4龄后幼虫，开始大量取食。开花期幼虫在为害叶片的同时，又取食花朵和幼荚，直接造成大豆减产，严重时减产10%左右。

斜纹夜蛾（*Spodoptera litura*），又名莲纹夜蛾，俗称乌头虫、夜盗虫、野老虎、露水虫等，为世界性害虫，分布极广，寄主极多，除豆科植物外，还可为害包括瓜、茄、葱、韭菜、菠菜以及粮食、经济作物等近100科、300多种植物，是一种杂食、暴食性害虫。以幼虫为害大豆叶部、花及豆荚，低龄幼虫啮食叶片下表皮及叶肉，仅留上表皮和叶脉，呈纱窗状透明斑；4龄以后进入暴食，咬食叶片，仅留主脉。虫口密度大时，常数日之内将大面积大豆叶片食尽，吃成光秆或仅剩叶脉，阻碍作物光合作用，造成植株早衰，籽粒空瘪，且能转移为害，影响大豆产量和品质。大发生时，会造成严重产量损失。幼虫多数为害叶片，少量幼虫会蛀入花中为害或取食豆荚。

甜菜夜蛾、斜纹夜蛾幼虫防治最佳适期是卵孵化高峰期，此时幼虫个体小、食量小、群体为害。防治最迟不能超过3龄，3龄以后则分散取食为害，抗药性增强，且有假死性，防效甚差。而且大龄虫体蜡质层较厚，虫体光滑，用农药防治效果差。所以，在防治甜菜夜蛾时，要抓住有利时期，田间发现有刚孵化的幼虫或低龄虫集聚时就应施药治虫，效果较好。也可以在田间发现有虫蜕皮，即害虫龄间转换、虫体皮肤较薄时施药效果也比较理想。

2.防治方法

防治甜菜夜蛾、斜纹夜蛾、豆荚螟、食心虫等害虫，选择9:00以前和16:00以后幼虫取食时，用药效果较好。在幼虫刚分散时，进行喷药防治必须保证植株的上下、叶片的背面、四周都应全面喷施，以消灭刚分散的低龄幼虫。世代重叠出现时，要在3~5 d内进行2次喷药。

可将甲氨基阿维菌素苯甲酸盐（甲维盐）+茚虫威（或虫螨腈、虱螨脲、氟铃脲、虫酰肼等）复配杀虫剂，配合高效氯氰菊酯、有机硅助剂等，按使用说明适当配比，喷雾防治，最好在3龄前防治。喷药用水量要足、药量要足，保证喷药细致、均匀。不要使用单一农药，注意不同农药的复配、更换和交替使用，降低害虫的抗性。在前期防治幼虫的基础上，发现有成虫（飞蛾）时，用杀虫灯诱杀成虫，可以减少下一代幼虫数量。

甜菜夜蛾为害大豆症状　　　　　　　　斜纹夜蛾为害大豆症状

（四）蚜虫

蚜虫是花叶病毒传播的主要介体，刺吸叶片、茎秆汁液、分泌蜜露，传播病毒，造成大幅度减产。

1.为害症状

大豆蚜虫（*Aphis glycines*）俗称腻虫、油旱，是大豆的最具破坏性的害虫之一，也是传播病毒病的介体。大豆蚜无论成蚜还是若蚜，都喜欢聚集在大豆的嫩枝叶部位为害；在大豆幼苗期，主要聚集在顶部叶片背面为害，在始花期开始移动到中部的叶片和嫩茎上为害；到了盛花期大豆蚜通常聚集在顶叶或侧枝生长点、花和幼荚上；在大豆生长后期则一般会聚集在大豆的嫩茎、荚、叶柄和大的叶片背面为害。大豆蚜虫为害比较严重的植株有以下症状：植株弱小、叶片稀疏早衰、根系不发达、侧枝分化少、结荚率低、千粒重降低，更为严重的可造成整株死亡。

蚜虫大量排泄的"蜜露"招引蚂蚁，还会引起霉菌侵染，诱发霉污病，使叶片被一层黑色霉覆盖，影响光合作用；使生长点枯萎，叶片畸形、卷曲、皱缩、枯黄，嫩荚变黄，致使生长代谢失调，植株生长不良或生长停滞，植株矮小，从而影响开花和结荚。轻者影响豆荚、籽粒的发育，致使产量和品质下降，严重时甚至导致植株枯萎死亡。蚜虫以群居为主，在某一片或某几株植株上大量繁殖和为害。蚜虫为害具有毁灭性，发生严重时，可导致大豆绝收。蚜虫能够以半持久或持久方式传播病毒，是大豆最主要的传毒介体，蚜虫为害易造成严重的间接损失。

2.防治方法

要注重早期防治，即在大豆蚜虫点片发生时用药，防止扩散蔓延为害。可用含噻虫嗪或吡虫啉的悬浮种衣剂包衣或拌种，也可以用20%啶虫脒乳油1 500～2 000

倍液，或10%吡虫啉可湿性粉剂2 000～3 000倍液，进行喷雾防治。田间喷雾防治蚜虫时要尽量倒退行走，以免接触中毒。目前，化学防治在当前农业生产中仍占据重要地位。为了防止单一种类杀虫剂的长期施用引发害虫抗药性的快速增长，注意交替用药。

蚜虫为害大豆症状

（五）红蜘蛛

1. 为害症状

大豆红蜘蛛主要包括朱砂叶螨（*Tetranychus cinnabarinus*）、豆叶螨（*T. phaselus*）等种类。分布广泛，是生产中的主要害虫。成、若螨喜聚集在叶背吐丝结网，以口器刺入叶片内吮吸汁液，被害处叶绿素受到破坏，受害叶片表面出现大量黄白色斑点，随着虫量增多，逐步扩展，全叶呈现红色，为害逐渐加重，叶片上呈现出斑状花纹，叶片似火烧状。成螨在叶片背面吸食汁液，刚开始为害时，不易被察觉，一般先从下部叶片发生，迅速向上部叶片蔓延。轻者叶片变黄，为害严重时，叶片干枯脱落，影响植株的光合作用，植株变黄枯焦，甚至整个植株枯死，可导致严重的产量损失。

红蜘蛛为害

2.防治方法

在红蜘蛛发生初期、即大豆植株有叶片出现黄白斑为害状时就开始喷药防治。可选用1.8%阿维菌素乳油3 000倍液、15%哒螨灵乳油2 000倍液、73%灭螨净（炔螨特）3 000倍液，进行喷雾防治。每隔7 d喷1次，连续防治2～3次。生产上适用于防治红蜘蛛的杀螨剂还很多，如联苯肼酯、唑螨酯、虫螨腈、丁氟螨酯、四螨嗪、联苯菊酯等，注意交替用药和混配用药。喷药的重点部位是植株的嫩茎、嫩叶背面、生长点、花器等部位。

（六）烟粉虱

烟粉虱迁飞能力强，体被蜡质，防治困难；要大面积联合防治，或采用熏蒸剂防治；一般减产20%～30%，严重者达50%以上，甚至绝产。能传播40多种植物上的70多种病毒。如花叶病毒等。

1.为害症状

烟粉虱（*Bemisia tabaci*），又名棉粉虱、甘薯粉虱，主要为害大豆、棉花和蔬菜等作物，其寄主植物多达74科500余种。成虫、若虫聚集在叶背面和嫩茎刺吸汁液，虫口密度大时，叶正面出现成片黄斑，严重时叶片发黄死亡但不脱落，大量消耗植株养分，导致植株衰弱，严重时甚至可使植株死亡。成虫或若虫还大量分泌蜜露，招致灰尘污染叶片，还可诱发煤污病。蜜露多时可使叶污染变黑，影响光合作用。此外，烟粉虱还可传播30多种病毒，引起70多科植物病害。受此虫害，大豆一般减产20%～30%，严重者达50%以上，甚至绝产。

烟粉虱为害

2.防治方法

（1）治早治小

抓好烟粉虱发生前期和低龄若虫期的防治至关重要，因为低龄烟粉虱若虫蜡质薄，不能爬行，接触农药的机会多，抗药性差，容易防治。

（2）集中连片统一用药

烟粉虱食性杂，寄主多，迁移性强，流动性大，只有对全生态环境，尤其是田外杂草统一用药，才能控制其繁殖为害。以温室大棚附近的田块为重点，统一连片用药，叶背均匀喷雾，达到事半功倍的效果。在防治烟粉虱时注意在成虫活动不活跃的时段进行，一般为10：00以前和16：00以后，最大限度地保证防治效果。

（3）关键时段全程药控

特别是大田、蔬菜田，烟粉虱繁殖力高，生活周期短，群体数量大，世代重叠严重，卵、若虫、成虫多种虫态长期并存，在7—9月烟粉虱繁殖高峰期必须进行全程药控，才能控制其繁衍为害。

（4）选准药剂

防治大豆田间烟粉虱，可选用10%烯啶虫胺水剂2 000倍液，或2.5%高效氯氟氰菊酯乳油1 500倍液，或50%氟啶虫胺腈水分散粒剂3 000～4 000倍液，25%噻嗪酮（扑虱灵）水分散粒剂2 000～2 500倍液等，喷雾防治。要注意轮换用药，延缓抗药性的产生。

二、玉米

玉米主要虫害有地下害虫、二点委夜蛾、玉米螟、棉铃虫、黏虫、桃蛀螟、甜菜夜蛾、蓟马、蚜虫。

（一）地下害虫

为害玉米生长的地下害虫主要有地老虎、蛴螬、金针虫、蝼蛄等，这些害虫栖居土中，主要为害玉米的种子、根、茎、幼苗和嫩叶，造成种子不能发芽出苗，或根系不能正常生长，心叶畸形，幼苗枯死，缺苗断垄等。

1. 为害症状

小地老虎是玉米苗期的主要害虫，一般以第一代幼虫为害严重，主要咬食玉米心叶及茎基部柔嫩组织。幼虫一般分为5～6龄，1～2龄对光不敏感，昼夜活动取食玉米幼苗顶心嫩叶，将叶片蚕食成针状小孔洞；3龄后入土为害幼苗茎基部，咬食幼苗嫩茎，一般潜藏在田间萎蔫苗周围土中；4～6龄表现出明显的避光性，白天躲藏在作物和杂草根部附近，黄昏后出来活动取食，在土表层2～3 cm处咬食幼苗嫩茎，使整株折断致死，严重时造成田间缺苗断垄。小地老虎有迁移特性，当受害玉米死亡后，转移到其他幼苗继续为害。

蝼蛄以成虫和若虫咬食玉米刚播下的种子或已发芽的种子、作物根部及根茎部，有时活动于地表，将幼苗茎叶咬成乱麻状和细丝，使幼苗枯死。还常常拨土开掘，在土壤表层穿出隧道，使根系与土壤脱离，或暴露于地面，甚至将幼苗连根拔出。

地老虎为害

蛴螬主要以幼虫为害，喜食刚播下的玉米种子，造成不能出苗；切断刚出土的幼苗，食痕整齐；咬断主根，造成地上部分缺水死亡，引起缺苗断垄。而且为害的伤口易被病菌侵入，引起其他病害发生。成虫咬食玉米叶片成孔洞、缺刻，也会为害玉米的花器，直接影响玉米产量。

蛴螬为害

金针虫是叩甲幼虫的通称，俗称节节虫、铁丝虫、土蚰蜒等。广布于世界各地，为害玉米、小麦等多种农作物以及林木、中药材和牧草等，多以植物的地下部分为食，是一类极为重要的地下害虫。多数种类为害农作物和林草等的幼苗及根部，是地下害虫的重要类群之一。金针虫咬蛀刚播下的玉米种子、幼芽，使其不能发芽，也可以钻蛀玉米苗

金针虫为害

茎基部内取食，有褐色蛀孔。在土壤中为害玉米幼苗根茎部，可咬断刚出土的幼苗，也可侵入已长大的幼苗根里取食为害，被害处不完全咬断，断口不整齐，被害植株则干枯而死。成虫则在地上取食嫩叶。

2. 防治方法

常用的施药方法有药剂拌种和包衣、毒土、翻耕施药、根部灌药等。可用50%辛硫磷乳油按种子重量的0.2%～0.3%进行拌种；或用500 g 48%毒死蜱乳油拌成毒饵，用3%辛硫磷颗粒剂撒施，防治地下害虫；或用600 g/L噻虫胺·吡虫啉悬浮种衣剂，按药种比1∶200包衣。

（二）二点委夜蛾

1. 为害症状

二点委夜蛾（*Athetis lepigone*）是我国夏玉米区近年新发生的害虫，各地往往误认为是地老虎为害。主要以幼虫为害，幼虫喜欢在潮湿的环境栖息，具有转株为害的习性，一般1头幼虫可以为害多株玉米苗，幼虫为害玉米幼苗，钻蛀咬食玉米苗茎基部，形成圆形或椭圆形孔洞，输导组织被破坏，造成玉米幼苗心叶枯死和地上部萎蔫，植株死亡；咬食刚出土的嫩叶，形成孔洞叶；咬断根部，当一侧的部分根被吃掉后，造成玉米苗倒伏，但不萎蔫；在玉米成株期幼虫可咬食气生根，导致玉米倒伏，偶尔也蛀茎为害和取食玉米籽粒。一般顺垄为害，发生严重的会造成局部大面积缺苗断垄，甚至绝收毁种。由于玉米生长期较短，苗期受害后补偿能力很小，玉米苗期百株虫量20头以上即可造成玉米缺苗断垄、甚至毁种。该害虫具有来势猛、短时间暴发、扩散范围广、隐蔽性强、发生量大、为害重等特点，若不及时防治，对玉米生产影响很大。

| 二点委夜蛾幼虫 | 二点委夜蛾为害叶片 |

2. 防治方法

（1）种子处理

选用含噻虫嗪，氯虫苯甲酰胺，溴氰虫酰胺的种衣剂包衣或拌种，可降低为害。

（2）撒毒饵或毒土

将48%毒死蜱乳油500 g，或40%辛硫磷乳油400 g，兑少量水后放入5 kg炒香的麦麸或粉碎后炒香的棉籽饼中，拌成毒饵，傍晚顺垄将其撒在玉米苗边；3龄幼虫前，可用48%毒死蜱乳油制成毒土，撒于玉米根部。

（3）喷淋或喷雾

一是播后苗前全田喷施杀虫剂，结合化学除草，在除草剂中加入高效氯氰菊酯、甲维盐、氯虫苯甲酰胺（康宽）等，杀灭二点委夜蛾成虫，兼治低龄幼虫。二是全株喷雾，选用5%氯虫苯甲酰胺悬浮剂1 000倍液对玉米2～4叶期植株进行喷雾。

（三）玉米螟

1. 为害症状

玉米螟俗称玉米钻心虫、箭杆虫，是玉米生产上发生最重、为害最大的常发性害虫，具有发生区域广，防控难度大，为害损失重的特点，严重威胁着玉米高产、稳产。主要以幼虫为害玉米，幼虫共5龄。心叶期世代玉米螟初孵幼虫大多爬入心叶内，群聚取食心叶叶肉，留下白色薄膜状表皮，呈花叶状，并可吐丝下垂，随风飘移扩散到邻近植株上；2～3龄幼虫在心叶内潜藏为害，被害心叶展开后，出现整齐的横排小孔；叶片被幼虫咬食后，会降低其光合效率；雄穗抽出后，呈现小花被毁状，影响授粉；苞叶、花丝被蛀食，会造成缺粒和秕粒。4龄后幼虫以钻蛀茎秆和果穗为害，在茎秆上可见蛀孔，蛀孔外常有幼虫钻蛀取食时的排泄物，被蛀茎秆易折断，不折的茎秆上部叶片和茎变紫红色，由于茎秆组织遭受破坏，影响养分输送，玉米易早衰，严重时雌穗发育不良，籽粒不饱满。穗期世代玉米螟初孵幼虫取食幼嫩的花丝和籽粒，大龄后钻蛀玉米穗轴、穗柄和茎秆，形成隧道，破坏植株内水分、养分的输送，导致植株倒折和果穗脱落，同时由于其在果穗上取食为害，不但直接造成玉米产量的严重损失，还常诱发或加重玉米穗腐病的发生。一般发生年份，玉米产量损失在5%～10%，严重发生年份达20%～30%，甚至更高，并且严重影响玉米品质，降低玉米商品等级。

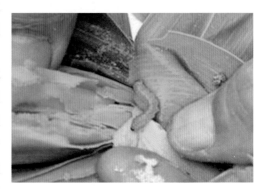

玉米螟为害

2.防治方法

玉米螟幼虫咬食心叶、茎秆和果穗。苗期集中在玉米植株心叶深处，咬食未展开的嫩叶，使叶片展开后呈现横排孔状花叶。可在玉米心叶大喇叭口期进行灌心，3%辛硫磷颗粒剂，用量2 g/株。也可用20%氯虫苯甲酰胺5 000倍液，或3%甲维盐2 500倍液喷施，心叶期注意将药液喷到心叶丛中，穗期喷到花丝和果穗上。

（四）棉铃虫、黏虫、桃蛀螟、甜菜夜蛾

1.为害症状

棉铃虫（*Helicoverpa armigera*）又名玉米穗虫、钻心虫、棉挑虫、青虫、棉铃实夜蛾等，广泛分布在中国及世界各地，寄主植物有30多科200余种，为杂食性害虫，为害绝大多数绿色植物，以幼虫蛀食为害玉米、大豆、棉花、向日葵等为主。棉铃虫对玉米的为害尤为严重。

玉米棉铃虫为害

黏虫（*Mythimna separata*）又称剃枝虫、行军虫，俗称五彩虫、麦蚕。是一种主要以小麦、玉米、高粱、水稻等粮食作物和牧草为食的杂多食性、迁移性、间歇暴发性害虫。可为害16科104种以上的余种植物，尤其喜食禾本科植物。除西北局部地区外，其他各地均有分布。黏虫暴发时可把作物叶片食光，严重损害作物生长。主要以幼虫啃食叶片为害为主，1~2龄的黏虫幼虫多集中在叶片上取食造成孔洞，严重时可将幼苗叶片吃光，只剩下叶脉。3龄后沿叶缘啃食形成

玉米黏虫为害

不规则缺刻。暴食时，可吃光叶片。玉米黏虫多数是集中为害，常成群列纵队迁徙为害，故又名"行军虫"。虫害发生严重时，会在短时间内吃光叶片，只剩下叶脉，造成玉米的严重减产甚至绝收。

桃蛀螟（*Dichocrocis punctiferalis*）又称桃蛀野螟，豹纹斑螟，桃蠹螟、桃斑螟、桃实螟蛾、豹纹蛾、桃斑蛀螟，幼虫俗称蛀心虫，属鳞翅目，草螟科。国内主要分布于华北、华东、中南和西南地区，西北和台湾地区也有分布。20世纪末以来，由于种植制度改革和种植结构调整等因素，桃蛀螟在玉米上为害逐年加重，尤其是在黄淮海玉米区，严重时玉米果穗上桃蛀螟的幼虫数量和为害程度甚至超过玉

米螟，上升为穗期的重要害虫。

甜菜夜蛾主要以幼虫为害玉米叶片。初孵幼虫先取食卵壳，后陆续从绒毛中爬出，1～2龄常群集在叶背面为害，吐丝、结网，在叶内取食叶肉，残留表皮而形成"烂窗纸状"破叶。3龄以后的幼虫分散为害，严重发生时可将叶肉吃光，仅残留叶脉，甚至可将嫩叶吃光。幼虫体色多变，但以绿色为主，兼有灰褐色或黑褐色，5～6龄的老熟幼虫体长2 cm左右。幼虫有假死性，稍

玉米桃蛀螟为害

受惊吓即卷成"C"状，滚落到地面。幼虫怕强光，多在早、晚为害，阴天可全天为害。

2. 防治方法

防治棉铃虫、黏虫、桃蛀螟、甜菜夜蛾等，发生初期，用甲维盐+茚虫威（或虱螨脲、虫螨腈、氟铃脲、虫酰肼等）复配成分杀虫剂，配合高效氯氰菊酯、有机硅助剂等，进行喷雾防治。

（五）蚜虫

1. 为害症状

玉米蚜虫在玉米全生育期均有为害。玉米蚜虫在玉米植株各部位、各阶段的发生分布各异。在玉米抽雄前，聚集在心叶里繁殖为害，孕穗期群集于剑叶正反面为害，抽雄期则聚集于雄穗上繁殖为害。扬花期蚜虫数量激增，为严重为害时期。

玉米苗期蚜虫群集于叶片背部和心叶造成为害，以成、若虫刺吸植物组织汁液，导致叶片变黄或发红，随着植株生长集中在新生的叶片上，玉米新叶展开后叶片上可见蚜虫的蜕皮壳；轻者造成玉米生长不良，严重受害时，植物生长停滞，甚至死苗。到玉米成株期，蚜虫多集中在植株底部叶片的背面或叶鞘、叶舌，随着植株长高，蚜虫逐渐上移。玉米孕穗期多密集在剑叶内和叶鞘上为害，同时排泄大量蜜露，覆盖叶面上的蜜露影响光合作用，易引起霉菌寄生，被害植株长势衰落，发育不良，产量下降。抽雄后大量蚜虫向雄穗转移，蚜虫集中在雄花花萼及穗轴上，影响玉米扬花授粉，降低玉米的产量和品质；不久又转移为害雌穗。玉米蚜虫为害高峰期是在玉米孕穗期，喷药防治比较困难，影响光合作用和授粉率，造成空秆，干旱年份为害损失更大。此外，玉米蚜虫能够传播病毒病，导致玉米矮花叶病的大面积流行，使果穗变小，结实率下降，千粒重降低。

玉米蚜虫为害

2. 防治方法

（1）种子包衣或拌种

600 g/L吡虫啉悬浮种衣剂、10％吡虫啉可湿粉、70％噻虫嗪种子处理剂等药剂包衣或拌种，均对玉米苗期蚜虫有较高的防效。

（2）喷雾防治

防治玉米蚜虫，可用10％吡虫啉可湿性粉剂2 000倍液或2.5％高效氯氰菊酯2 000～3 000倍液，进行喷雾防治。

（3）撒心

在玉米大喇叭口期，每亩用3％辛硫磷颗粒剂1.5～2 kg，均匀地灌入玉米心内，兼治玉米螟。

（六）叶螨

1. 为害症状

玉米叶螨又名红蜘蛛，是影响玉米正常生长的一种重要害虫。主要为害玉米叶片，若螨和成螨寄生在玉米植株上，利用刺吸式口器，将口针直接刺入玉米的叶片或幼嫩组织，吸取玉米植株的叶片或幼嫩组织的汁液进行为害，使植株叶片的表皮组织受到破坏，汁液流失而失绿变成白色斑点。首先从离地近的叶片发生，然后逐渐向上为害。玉米叶螨口针十分短小，不能直接将玉米叶片刺穿。为害较轻时，叶片的正面基本上保持正常的绿色或只是出现了少量的失绿斑点；受害严重时，整个叶片发黄、皱缩、绿色消失，直至变白干枯。寄主植物在受到叶螨为害后，叶片会因为组织内部汁液流失，造成水和营养物质缺少而呈白色或黄色；而从生理层面上讲，由于叶片呈白、黄色，造成植物叶片叶绿素缺少，阻碍了植物光合作用的正常进行，使植物生长所需的营养物质无法得到正常提供，造成受害植株弱小、营养不良、对病、虫害抗性下降。受到叶螨为害的玉米植株，成熟后玉米籽粒秕瘦，玉米百粒重明显下降，在叶螨严重发生时造成绝收，导致玉米产量下降，影响玉米的品质和种子质量。

2.防治方法

防治玉米叶螨，用1.8%阿维菌素乳油3 000倍液、15%哒螨灵乳油2 000倍液、73%灭螨净（克螨特）3 000倍液进行喷雾防治。每隔10 d喷1次，连续喷洒2～3次。

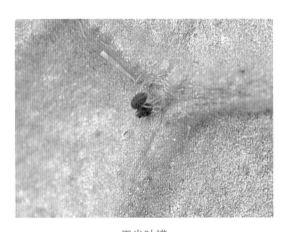

玉米叶螨

第六章

机械化作业

大豆玉米带状间作复合种植模式，2017年开始大面积示范推广，目前基本上实现了种管收全程机械化。要真正实现农机农艺融合，需要加大播种、植保、收获等机具的研发投入力度，加强机手培训。

第一节　机械播种

机械播种是大豆玉米带状间作复合种植技术关键环节，因机具性能、地块条件、天气条件、操作调整、栽培农艺条件等因素导致农机性能不稳定，如播种排量稳定性、各行排量一致性、排种均匀性和播种均匀性、穴粒数合格率、粒距合格率、播深稳定性、种子破损率等受到影响，不能实现精量播种；由于机手运行速度快、操作不规范等原因，影响播种质量。因此要选择质量有保证的播种机具，同时加强机手培训力度，提高播种质量，为一播全苗打好基础。

一、一体机播种

（一）3∶2种植模式

2017—2018年，在德州市主要示范推广大豆玉米带状间作复合种植3∶2模式，使用大豆玉米一体化播种机进行播种。

3∶2模式大豆玉米一体化播种机

（二）4∶2种植模式

2018年，在德州市进行了大豆玉米带状间作复合种植4∶2模式的试验示范，使用大豆玉米一体化播种机进行播种。2019年，示范推广了4∶2种植模式，使用大豆玉米一体化播种机进行播种。

4∶2模式大豆玉米一体化播种机　　　　4∶2模式大豆玉米一体化播种机

二、两台机械播种

2019年，在德州市进行了大豆玉米带状间作复合种植不同模式的对比试验示范，如6∶2种植模式、8∶2种植模式、4∶3种植模式、6∶3种植模式等，分别使用大豆、玉米专用播种机，两台机械同时进行播种。

利用玉米、大豆专用播种机分别进行播种

第二节　植保机防

化学除草、适时化控、病虫防治是大豆玉米带状间作复合种植的关键技术，是实现精简高效栽培的关键环节，机械化田间管理至关重要。

一、化学除草

目前可以利用大豆玉米分带喷杆喷雾机进行苗后一次性除草。大豆玉米带状复合种植4∶2模式，一次可以喷施作业3带，效率30～50亩/h。为提高作业效率，防止药液飘移，要注意的事项如下。

一是喷雾机轮胎应行走在大豆带和玉米带之间（65 cm）。

二是喷头距离作物冠层50 cm左右，作业速度5～8 km/h。

三是防止物理隔帘移动，对植株造成损伤，还要注意距离地面的高度，防止药液飘移。

四是药量按要求喷施，防止过量造成药害。

大豆玉米分带喷杆喷雾机

二、控旺防倒

大豆玉米带状间作复合种植时，由于玉米遮阴，大豆易旺长，为防止大豆倒伏，因此要进行化学控制。由于当时大豆处于开花期前后，机械田间作业时一定要减少对大豆、玉米植株的损伤，或者采用无人机飞防，但注意采用适宜的药剂和水量。

无人机飞防

三、叶面施肥

叶面肥主要是弥补养分不足，减少落荚，提高粒重。大豆鼓粒中后期，要叶面喷施0.3%磷酸二氢钾和0.1%钼酸铵，7～10 d喷施1次，连续喷施2～3次，延缓叶片衰老，促进鼓粒，增加百粒重，提高产量。如有脱肥现象，叶面喷施0.2%尿素30 kg/亩，以保证籽粒饱满。生育中后期用无人机飞防，效果最好。

第三节　机械收获

根据大豆、玉米成熟情况，可先收获大豆，也可先收获玉米，或者使用两台机械，大豆、玉米同时分别顺序收获。

一、先收大豆

大豆叶片全部落净，摇动有响声时，用自走式大豆联合收割机进行收获。

自走式大豆联合收割机

自走式大豆联合收割机收获大豆

二、先收玉米

玉米完熟期，苞叶变黄，籽粒乳线消失，可用自走式玉米收获机进行收获。

两行玉米收获机　　　　　　　　　　两行玉米收获机
（3.98 m×1.45 m×1.87 m）　　　　（4.35 m×1.36 m×2.38 m）

自走式玉米收获机收获玉米

三、同时收获

使用大豆专用收割机和玉米专用收获机，分别同时顺序收获大豆、玉米。

玉米、大豆同时收获

第七章

生产实践及综合效益

第一节　生产实践

玉米大豆间作种植作为一种传统种植模式，在推进我国农业结构调整、保证国家粮食安全、促进农牧业协调发展中发挥着重要作用。自2008年起，农业部连续12年将玉米和大豆间作套种种植模式列为国家主推技术，2019年被遴选为国家大豆振兴计划重点推广技术，在全国各地大力推广。2020年中央一号文件明确提出，要加大对大豆高产品种和玉米、大豆间作新农艺推广的支持力度，以保障我国重要农产品有效供给和促进农民持续增收。2021年中央一号文件指出，稳定大豆生产者补贴政策，稳定大豆生产，多措并举发展油菜花生等油料作物。这些都为促进全国各地更好更快地进行大豆玉米带状间作复合种植技术的示范推广提供了政策支持。有利于保证我国玉米产能、大幅度提高大豆自给率，对保障中国粮食安全具有重要意义。

德州是农业大市，光照、温度、降水和无霜期等自然条件适宜玉米、大豆等夏播作物的生长。作为全国首个整建制"吨粮市"，2021年，全市耕地面积965.0万亩，其中粮食面积1 603.2万亩，总产152.3亿斤，面积、总产、单产实现"三增"。玉米种植面积780.0万亩，全市平均玉米单产485.71 kg。目前，全市新型农业经营主体流转土地面积占总耕地面积的30%以上，新型农业经营主体已经成为引领德州市现代农业发展的主要力量。

德州作为全国最大的非转基因大豆集散地和现货交易中心，年交易大豆约300万t。目前大豆加工已成为德州的优势产业之一，全市现有各类大豆加工企业32家，规模以上大豆加工企业7家，年加工大豆能力200万t以上。在各类大豆加工产业中，大豆蛋白产业优势突出，全市年产各类大豆蛋白近40万t，占全国总产量的

50%左右。

2017年，在德州市的禹城市、临邑县，建立示范基地推广大豆玉米带状间作复合种植技术，示范基地总面积1 000多亩。2017年10月10日，在禹城市房寺镇示范基地召开了"德州市规模化玉米大豆间作高效种植示范及机播机收现场观摩会"，中国工程院院士盖钧镒实地考察，给予了很高评价。德州市农业科学研究院及时总结示范推广经验，撰写调研报告，报送德州市农业分管副市长签批意见，建议在全市推广应用。

2018—2021年，继续在德州市的禹城市、陵城区、德城区等县市区大面积示范推广，并多次组织召开现场观摩会，2020年9月28日，在禹城市召开了"全国玉米大豆间作新农艺现场观摩会暨全程机械化研讨会"，中国工程院院士陈学庚参加并作专题报告。通过多种方式的宣传发动和技术服务，使德州市新型农业经营主体负责人和新型职业农民了解大豆玉米带状间作复合种植模式，现场解答疑惑和问题，提高了大家种植的热情和积极性。

一、示范应用

（一）2017 年示范推广应用情况

2017年，在禹城市房寺镇、临邑县德平镇、临邑县兴隆镇建立大豆玉米带状间作复合种植技术示范基地，面积近1 000多亩。主要示范推广大豆玉米带状间作3∶2种植模式。

2017 年临邑县大豆玉米带状间作复合种植示范基地航拍

（二）2018 年示范推广应用情况

2018年，在禹城市房寺镇、临邑县临盘镇、临邑县德平镇建立大豆玉米带状间作复合种植技术示范基地，面积近2 000亩。主要示范推广大豆玉米带状间作3：2种植模式、4：2种植模式。

2018 年禹城市大豆玉米带状间作
千亩示范基地

2018 年临邑县大豆玉米带状间作 500 亩
示范基地

（三）2019 年示范推广应用情况

2019年，在禹城市房寺镇、德城区黄河涯镇、陵城区神头镇建立大豆玉米带状间作复合种植技术示范基地，面积2 000多亩。主要示范推广大豆玉米带状间作3：2种植模式、4：2种植模式。同时在德州市的德城区、陵城区建立示范基地，并对大豆玉米带状间作3：2、4：2、4：3、6：3、6：2、8：2等种植模式进行了试验示范，为减少投入、降低成本，充分利用现有的大豆、玉米播种和收获机械，还利用两台机械进行了播种和收获的探索。

2019 年禹城市大豆玉米带状间作 4：2 种植
模式示范

2019 年禹城市带状间作示范基地
大豆、玉米同时收获

（四）2020年示范推广应用情况

2020年，在禹城市房寺镇、德城区黄河涯镇，建立大豆玉米带状间作复合种植技术示范基地1 500多亩，主要示范推广4∶2种植模式、4∶3种植模式、6∶3种植模式。

2020年德城区示范基地大豆和鲜食玉米间作种植

（五）2021年示范推广应用情况

2021年，在禹城市房寺镇示范大豆玉米带状间作复合种植100多亩，主要是4∶2种植模式。

禹城市大豆玉米带状间作复合种植示范

二、宣传推广

（一）现场观摩

1.2017年

2017年10月10日，在禹城市房寺镇召开了"德州市规模化大豆玉米带状间作复合种植示范及机播机收现场观摩会"，参会代表80多人。中国工程院院士盖钧镒、赵振东参加会议，并给予很高的评价。

2017年10月9—10日，农业部科技发展中心组织专家组对山东省德州市"大豆玉米带状复合种植技术"千亩示范片进行了现场考察。专家组考察了示范片的玉米、大豆群体密度和产量结构，观摩了玉米、大豆机播机收作业，观看了示范片的航拍视频与图片资料，听取了技术研发单位与实施单位的现场汇报，以盖钧镒院士为组长的专家评议组高度认可玉米大豆带状复合种植技术示范效果，并形成评价意见。

大豆玉米带状间作高效种植示范及机播机收现场观摩会

盖钧镒院士（左三）现场考察观摩

赵振东院士（前排左三）现场观摩

2.2018年

2018年9月12日，山东省现代农业产业技术体系杂粮创新团队德州综合试验站在禹城市房寺镇组织召开大豆玉米带状间作复合种植模式现场观摩会。

大豆玉米带状间作复合种植模式现场观摩会

3. 2019 年

2019年10月13日，在禹城市房寺镇组织召开大豆玉米带状间作复合种植模式机收现场观摩会，德州市组织部、县（市、区）农业农村局、农村党支部书记领办创办合作社、部分新型经营主体等的分管、负责同志共60多人参加会议。

大豆玉米带状间作复合种植模式机收现场观摩会

2019年9月19日，山东省现代农业产业技术体系杂粮创新团队德州综合试验站在德州市陵城区组织召开大豆玉米带状间作多种种植模式现场观摩会。

大豆玉米带状间作多种种植模式现场观摩会

4. 2020 年

2020年9月28日，在禹城市召开了"全国玉米大豆间作新农艺现场观摩会暨全程机械化研讨会"，中国工程院院士陈学庚参加并作专题报告，参会代表100多人。

全国玉米大豆间作新农艺现场观摩会暨全程机械化研讨会

（二）宣传报道

大豆玉米带状间作复合种植技术自2017年在德州市示范推广以来，得到了多家媒体的广泛关注，累计进行宣传报道30余次。

玉米大豆带状间作增收示范区观摩会在山东德州举行

2017年10月11日16:36 来源：人民网-山东频道

《人民网-山东频道》报道

《农民日报》报道

《德州日报》报道

大众网报道

（三）领导支持

2017年10月25日，作者团队撰写的"玉米大豆高效复合种植模式"调研报告，获得德州市副市长董绍辉的批示，建议各县市区和农业部门认真参阅、推广应用。德州市相关领导多次到示范基地考察指导。

2021 年 9 月 23 日，德州市副市长董绍辉（右四）到田间考察指导

第二节 综合效益

大豆玉米带状间作复合种植技术，可以充分利用空间和不同层次的光能，集种养结合、合理轮作和绿色增效于一体，特别是种管收机械化的实现为大面积推广创造了条件。与玉米单作相比，每亩增加纯收入200元以上，土地当量比1.3以上，实现了农民增收、农业增效，提高了肥料利用率、光能利用率特别是土地产出率，有力地推动了种植业结构调整，提升了农民科技素质，且化肥农药施用量减少，实现了化肥农药减施增效，降低了土壤和环境污染，生态效益突出，促进了现代农业可持续发展，增产增收明显，综合效益显著。

一、经济效益

大豆玉米带状间作复合种植，间作玉米产量与单作相当，亩产550～600 kg；间作大豆亩产80～120 kg，按单价6.4元/kg计算，每亩毛收入640多元，扣除机械播种、种子、肥料、农药、田间管理、机械收获等费用300多元，每亩可增加纯收入200元以上。

（一）田间测产

经专家田间理论和实打测产验收，大豆玉米带状间作复合种植3：2、4：2种植模式，玉米平均每亩有效株数3 500～4 000株，大豆6 000～7 000株；间作玉米平均亩产550～600 kg，间作大豆平均亩产80～120 kg。

1. 2017年测产情况

示范推广的3:2种植模式，大豆每亩实打产量为100~120 kg，玉米实打产量为每亩550~600 kg。

2017年大豆玉米带状间作3:2种植模式玉米成熟期　　2017年大豆玉米带状间作3:2种植模式专家测产

2. 2018年测产情况

示范推广的3:2种植模式，大豆每亩实打产量80~100 kg；玉米每亩实打产量550~600 kg。当年同时试验示范了4:2种植模式，大豆亩产100~120 kg，玉米亩产500~600 kg。

2018年大豆玉米带状间作3:2种植模式玉米成熟期　　2018年大豆玉米带状间作3:2种植模式专家测产

3. 2019年测产情况

示范推广的4:2种植模式，经专家测产验收，大豆平均亩产100~120 kg，玉米平均亩产540~600 kg。当年同时示范推广4:3种植模式，大豆平均亩产90~100 kg，玉米平均亩产550~600 kg。

2019 年大豆玉米带状间作 4：3 种植模式
成熟期

2019 年大豆玉米带状间作 4：2 种植模式
专家测产

4. 2020 年测产情况

示范推广的4：2种植模式，经专家实打验收，大豆平均亩产110～130 kg，玉米平均亩产550～600 kg。示范推广的4：3种植模式，经专家测产验收，大豆平均亩产110～130 kg，鲜穗玉米平均亩产1 200～1 400 kg。

2020 年大豆玉米带状间作 4：2 种植模式专家测产

（二）增产增收

大豆玉米带状间作复合种植技术，通过在德州市5年的示范推广，和玉米单作相比，在全程机械化生产的基础上，实现了玉米基本不减产，大豆增产80～120 kg，每亩增收200多元，推广应用前景广阔。

二、社会效益

大豆、玉米种植适应范围广，我国东北、黄淮海和西南等地均可进行大豆玉米带状间作，发展空间巨大。黄淮海、东北、西南、西北四大主产区，玉米种植面积4.88亿亩，单作大豆面积1.0亿亩。若有20%进行大豆玉米带状间作复合种植，可多产大豆1 190万t、玉米766万t。德州市现有耕地面积960万亩，其中玉米种植面积760万亩，如用250万亩（33%）进行大豆玉米带状间作复合种植，可增加大豆约50万t，增收约20亿元，能满足德州大豆加工企业需求总量的1/4。大豆玉米带状间作复合种植模式既适合一家一户，也有利于家庭农场、种植大户、专业合作社推广，可以实现规模效益，对于本市目前正在开展的农村党支部书记领办创办土地股份合作社具有良好的增收示范引领作用。

（一）促进种植结构调整

大豆玉米带状间作复合种植技术，集种养结合、合理轮作和绿色增效于一体，特别是种管收机械化的实现为该种植技术的大面积推广创造条件。在实现农民增收、农业增效的同时，调动了新型农业经营主体的种植热情，提高了大家的种植积极性，同时辐射带动了周边地区的示范推广。当地政府高度重视，全力配合，有力地促进了种植业结构调整，也为乡村大豆产业振兴提供了新动能。

（二）提升农民科技素质

通过电视广播、电话微信、室内培训、田间指导、现场观摩等多种形式，积极进行大豆玉米带状间作复合种植技术的宣传培训和示范推广，通过多种形式的技术培训和服务指导，提升了大家的科技素质和科学种田水平，快速熟练地掌握了大豆玉米带状间作复合种植的核心技术。

（三）实现农民增产增收

大豆玉米带状间作复合种植，与玉米单作相比，每亩增加纯收入200元以上。通过示范推广，不但增加了农民收入，而且全程机械化生产，节本增效并重，真正实现了农民增收增效，加快了农民致富奔小康的步伐。

（四）提高了土地产出率

中国人口众多，18亿亩耕地难以满足我国农产品有效供给，提高土地产出率是确保粮食安全的最有效手段。通过试验研究，大豆玉米带状间作复合种植，土地当量比在1.3以上，提高了土地产出率与光肥利用率，有效缓解了玉米、大豆争地的矛盾，实现大豆玉米双丰收，提高我国大豆供给，提升粮食综合生产能力，为保障我国粮油安全和农业可持续发展做出了积极的贡献。

三、生态效益

大豆玉米带状间作复合种植，通过扩间增光、缩株保密，使每行玉米都有边际优势，增加资源利用率，使光能利用率达3%以上，土地当量比1.3以上，同时可提高根瘤固氮量和氮肥利用率，降低病虫害，减施农药施用量，生态效益十分显著。

（一）实现了减肥减药

大豆玉米带状间作复合种植技术，提高根瘤固氮量10%，提高氮肥利用率20%～30%，同时充分利用豆科作物的共生固氮作用，大豆减少施肥量；有效地改善田间的通风透光，减少病虫害的发生，农药施药量降低10%～15%，降低了生产成本。符合国家"化肥农药减施增效"政策，减少了化肥及农药使用量，减轻了土壤和环境污染，有利于资源节约和环境友好。通过减量施肥及病虫草害综合防治技术，大大减少了化肥及农药使用量，对降低污染、保护环境有着重要的作用，在一定程度上减少了土壤和环境污染，有力地促进了当地生态环境的进一步改善，有利于德州市农业的可持续发展。

（二）有利于可持续发展

大豆玉米带状间作复合种植时，大豆玉米同时收获混合青贮饲喂肉牛肉羊，育肥效果明显。通过过腹还田，增加土壤有机质的同时，资源得到循环利用。在推广大豆玉米带状间作复合种植技术的同时，推广了配套栽培技术，既提高产量、增加效益、逐步培肥地力、降低生产成本，又减少化肥和农药用量，有利于现代农业的可持续发展，生态效益和环境效益突出。

2018年，进行了大豆玉米同时收获混合青贮饲养牛羊试验。共收获大豆玉米带状间作复合种植20亩进行混合青贮，饲喂肉羊45只、肉牛2只。通过75 d饲喂，与青贮玉米料相比，肉羊每天多增重22.13 g；与黄贮玉米料相比，肉牛每天多增重240 g。大豆玉米带状间作复合种植混合青贮，既解决了大豆植株难以调制青贮饲料的问题，同时又提高了青贮饲料的蛋白质、钙含量，对肉牛肉羊育肥效果明显。

2018 年大豆玉米混合青贮饲喂肉牛　　　　　2018 年大豆玉米混合青贮饲喂肉羊

第八章

政策技术支持

大豆是我国进口量最大的重要农作物之一，2021年进口达到9 653.7万t，依存度85%左右，也是植物蛋白、食用植物油的主要来源。2020年加入WTO以后，受多种因素的影响，我国大豆产量徘徊不前、产业发展不足。近几年，在复杂的国际国内形势下，中央对大豆产业的重视前所未有，社会各界也对大豆高度关注。

第一节　国家相关政策支持

大豆玉米带状复合种植模式，在充分发挥根瘤固氮作用及边际效应的同时，能有效保证粮油种植效能、效率、效益的最大化，保障粮食作物稳产高产、油料作物扩种保供，是目前我国缓解粮油争地矛盾，稳粮食、挖潜力、保供给行之有效的重要手段。2022年，全国大豆玉米带状复合技术推广1 500多万亩，明确下达到19个省（区、市）。分别是河北、山西、内蒙古、辽宁、吉林、黑龙江、江苏、安徽、山东、河南、湖南、广西、重庆、四川、贵州、云南、陕西、甘肃、宁夏等省（自治区、直辖市）。下面介绍一下国家相关政策支持。

2015年7月30日，国务院办公厅印发《关于加快转变农业发展方式的意见》（国办发〔2015〕59号），提出要大力推广轮作和间作套种。支持因地制宜开展生态型复合种植，科学合理利用耕地资源，促进种地养地结合。重点在东北地区推广玉米/大豆（花生）轮作，在黄淮海地区推广玉米/花生（大豆）间作套作，在长江中下游地区推广双季稻—绿肥或水稻—油菜种植，在西南地区推广玉米/大豆间作套作，在西北地区推广玉米/马铃薯（大豆）轮作。

2019年1月3日，中央一号文件《中共中央 国务院关于坚持农业农村优先发展做好"三农"工作的若干意见》明确提出，要调整优化农业结构。大力发展紧缺和绿色优质农产品生产，推进农业由增产导向转向提质导向。深入推进优质粮食工程。实施大豆振兴计划，多途径扩大种植面积。完善玉米和大豆生产者补贴政策。

2019年3月15日，农业农村部办公厅印发《大豆振兴计划实施方案》，提出要做大做强东北和黄淮海优势产区，稳定西南间套作产区。黄淮海夏播区，因地制宜推行麦豆两熟轮作种植模式，在玉米低质低效区改种耐旱耐瘠薄的大豆，推广高产、高蛋白优质食用大豆品种。西南间套作区，推广玉米大豆轮作或间套作，发展优质食用大豆；开展大豆绿色高质高效行动。在东北、黄淮海、西南地区，选择大豆面积具有一定规模、产业基础较好的县，开展整建制大豆绿色高质高效行动，示范推广高产优质大豆新品种，重点推广垄三栽培、大垄密、窄行密植、麦后免耕覆秸精播、玉米大豆带状复合种植等增产增效技术，实施农机农艺融合，示范县大豆耕种收机械化率基本达到100%。

2020年1月2日，中央一号文件《中共中央　国务院关于抓好"三农"领域重点工作确保如期实现全面小康的意见》明确指出，要加大对大豆高产品种和玉米、大豆间作新农艺推广的支持力度。

2021年1月4日，中央一号文件《中共中央　国务院关于全面推进乡村振兴加快农业农村现代化的意见》明确指出，要稳定种粮农民补贴，让种粮有合理收益，完善玉米、大豆生产者补贴政策。鼓励发展青贮玉米等优质饲草饲料，稳定大豆生产，多措并举发展油菜、花生等油料作物。

2022年1月4日，中央一号文件《中共中央　国务院关于做好2022年全面推进乡村振兴重点工作的意见》明确指出，要大力实施大豆和油料产能提升工程。加大耕地轮作补贴和产油大县奖励力度，集中支持适宜区域、重点品种、经营服务主体，在黄淮海、西北、西南地区推广玉米大豆带状复合种植，在东北地区开展粮豆轮作，在黑龙江省部分地下水超采区、寒地井灌稻区推进水改旱、稻改豆试点，在长江流域开发冬闲田扩种油菜。开展盐碱地种植大豆示范；合理保障农民种粮收益。按照让农民种粮有利可图、让主产区抓粮有积极性的目标要求，健全农民种粮收益保障机制。2022年适当提高稻谷、小麦最低收购价，稳定玉米、大豆生产者补贴和稻谷补贴政策，实现三大粮食作物完全成本保险和种植收入保险主产省产粮大县全覆盖；提升农机装备研发应用水平。实施农机购置与应用补贴政策，优化补贴兑付方式。完善农机性能评价机制，推进补贴机具有进有出、优机优补，重点支持粮食烘干、履带式作业、玉米大豆带状复合种植、油菜籽收获等农机，推广大型复合智能农机。推动新生产农机排放标准升级。开展农机研发制造推广应用一体化试点。

2021年12月25—26日，中央农村工作会议召开。习近平总书记对做好"三农"

工作做出重要指示，指出保障好初级产品供给是一个重大战略性问题，中国人的饭碗任何时候都要牢牢端在自己手中，饭碗主要装中国粮。保证粮食安全，大家都有责任，党政同责要真正见效。耕地保护要求要非常明确，18亿亩耕地必须实至名归，农田就是农田，而且必须是良田。要实打实地调整结构，扩种大豆和油料，见到可考核的成效。

李克强总理在国务院常务会议上要求，要毫不放松抓好粮食和重要农产品生产供应，严格落实地方粮食安全主体责任，下大力气抓好粮食生产，稳定粮食播种面积，促进大豆和油料增产。会议强调，要全力抓好粮食生产和重要农产品供给，稳定粮食面积，大力扩大大豆和油料生产，确保2022年粮食产量稳定在1.3万亿斤以上。

2021年12月27日，全国农业农村厅局长会议召开。会议强调，要围绕"两条底线"，突出抓好"四件要事"。一要千方百计稳定粮食生产。二要攻坚克难扩种大豆油料。把扩大大豆油料生产作为明年必须完成的重大政治任务，抓好东北四省区大豆面积恢复，支持西北、黄淮海、西南和长江中下游等地区推广玉米大豆带状复合种植，加快推广新模式新技术，逐步推动大豆玉米兼容发展，同时抓好油菜、花生等油料生产，多油并举、多措并施扩面积、提产量。三要确保"菜篮子"产品稳定供给。四要持续巩固拓展脱贫攻坚成果。

第二节　相关技术支持

中央农村工作会议提出，要实打实地调整结构，扩种大豆和油料，见到可考核的成效。目前，全国农业技术推广服务中心及全国16个省、自治区、直辖市都相继出台了大豆玉米带状复合种植实施方案，明确相关技术指导意见，推动任务落实落地。农业农村部农业机械化管理司相继印发了《大豆玉米带状复合种植配套机具应用指引》《大豆玉米带状复合种植配套机具调整改造指引》，全力推进大豆玉米带状复合种植机械化。用于指导大豆玉米带状复合种植的生产应用。

一、全国大豆玉米带状复合种植技术方案

为稳步推进大豆玉米带状复合种植技术应用，提高技术标准化规范化水平，全国农业技术推广服务中心组织制定了《2022年全国大豆玉米带状复合种植技术方案》，2022年2月9日印发，要求结合本区域实际情况，认真开展技术试验示范和集成推广工作。

2022 年全国大豆玉米带状复合种植技术方案

大豆玉米带状复合种植是稳玉米、扩大豆的有效途径。2022年，农业农村部将在16个省（自治区、直辖市）大力推广大豆玉米带状复合种植技术，扩大大豆种植面积，提高大豆产能。为科学、规范、有序推广这项技术，切实发挥稳粮增豆作用，特制定本方案。

一、总体要求

（一）坚持稳粮与增豆并重。通过大面积推广应用大豆玉米带状复合种植技术，力争玉米单产与清种基本相当，尽可能增加大豆产量，争取大豆平均亩产达到100 kg左右。

（二）坚持生产与生态协调。贯彻绿色发展理念，集成创新适合本区域的大豆玉米带状复合种植技术模式，实现作物带间轮作，改良土壤结构，减少病虫发生，降低化肥农药使用量。

（三）坚持试验与推广衔接。在2～6行大豆、2～4行玉米范围内，开展不同模式配比试验，以及机播、施肥、除草、机收等关键技术、产品、装备试验，检验应用效果、优化技术参数、总结典型模式，以点带区扩面加大技术推广应用。

二、技术关键

采用玉米带与大豆带复合种植，既充分发挥高位作物玉米的边行优势，扩大低位作物大豆受光空间，实现玉米带和大豆带年际间地内轮作，又适于机播、机管、机收等机械化作业，在同一地块实现大豆玉米和谐共生、一季双收。一般玉米带种植2～4行、大豆带种植2～6行，通过调控作物的株行距，实现玉米与当地清种密度基本相当、大豆达到当地清种密度的70%以上。

（一）选配品种

大豆品种要求。应选择产量高、耐阴抗倒，有限或亚有限结荚型习性的品种。带状间作时，选择抗倒能力强、中早熟品种，成熟期单株有效荚数不低于该品种单作荚数的50%，单株粒数50粒以上，单株粒重10 g以上，株高55～100 cm。带状套作时，选择玉米大豆共生期大豆节间长粗比小于19，抗倒能力较强、中晚熟品种，大豆成熟期单株有效荚数为该品种单作荚数的70%以上，单株粒数80粒以上，单株粒重15 g以上。

玉米品种要求。应为紧凑型、半紧凑型品种，中上部各层叶片与主茎的夹角、株高、穗位高、叶面积指数等指标的特征值应为：穗上部叶片与主茎的夹角在21°~23°，棒三叶叶夹角为26°左右，棒三叶以下三叶夹角为27°~32°；株高260~280 cm、穗位高95~115 cm。

（二）确定模式

确定模式的关键是要保证带状复合种植玉米密度与清种相当，大豆密度达到清种密度的70%以上。综合考虑当地清种玉米大豆密度、整地情况、地形地貌、农机条件等因素，确定适宜的大豆带和玉米带的行数、带内行距、两个作物带间行距、株距。一般大豆带播种2~6行为宜，带内行距20~40 cm，株距8~10 cm（以达到当地清种大豆密度的70%以上来确定），两个作物带间行距60 cm或70 cm（玉米带2行时，或大豆带2~4行时，建议两个作物带间行距70 cm，其他情况下两个作物带间行距可60 cm）；玉米带播种2~4行为宜，带内行距40 cm，株距10~14 cm（根据达到当地清种玉米密度来确定），两个作物带间行距60 cm或70 cm。有窄幅式（机身宽160~170 cm）玉米收获机的地区，可重点推广2行玉米模式。

（三）机械播种

优先推荐同机播种施肥一体化作业。覆膜地区选用大豆玉米一体化覆膜播种机，不覆膜地区选用大豆玉米一体化播种机。异机播种的，也可通过更换播种盘，增减播种单体，实现玉米大豆播种用同一款机型。带状套作需先播玉米，在玉米大喇叭口期至抽雄期再播种大豆。

机械播种时应注意：播种过程中要保证机具匀速直线前行，建议机械式排种器行进速度3~5 km/h，气力式排种器6~8 km/h；转弯过程中应将播种机提升，防止开沟器出现堵塞；行走播种期间，严禁拖拉机急转弯或者带着入土的开沟器倒退，避免造成播种施肥机不必要的损害；当种子和肥料可用量少于容积的1/3时，应及时添加种子和化肥，避免播种机空转造成漏播现象；转弯时两个生产单元链接处切忌过宽，玉米窄行距应控制在40 cm，大豆带中的链接行距应控制在30 cm。

（四）科学施肥

统筹考虑玉米大豆施肥，增施有机肥料，控制氮肥用量、保证磷钾肥用量，适当补充中微量元素。鼓励接种大豆根瘤菌，减少大豆用氮量、保证玉米用氮量，相对清种不增加施肥作业环节和工作量，实现播种施肥一体化，有条件的地方尽量选用缓控释肥。

从施肥量看，带状复合种植亩施氮量比单作玉米、单作大豆的总施氮量可降低3～4 kg，但须保证玉米单株施氮量与清种相同，否则影响玉米单产。带状间作玉米选用高氮缓控释肥，每亩施用50～65 kg（折合纯氮14～18 kg/亩，西北地区可适当高些），大豆选用低氮缓控释肥，每亩施用15～20 kg（折合纯氮2～3 kg/亩）。带状套作播种玉米时每亩施20～25 kg玉米高氮专用配方肥，玉米大喇叭口期结合机播大豆，距离玉米行20～25 cm处每亩追施配方肥40～50 kg（折合纯氮6～7 kg/亩），实现玉米大豆肥料共用。

采用一次性施肥的，在播种时以种肥形式全部施入，肥料以玉米、大豆专用缓释肥或配方肥为主，如玉米高氮专用配方肥或缓控释肥每亩50～70 kg、大豆低氮专用配方肥每亩15～20 kg。利用2BYSF-5（6）型播种施肥机一次性完成播种施肥作业，玉米施肥器位于玉米带两侧15～20 cm开沟、大豆施肥器则在大豆带内行间开沟。需要整地的春玉米带状间作春大豆模式可采用底肥+种肥两段式施肥，底肥采用全田撒施低氮配方肥，用氮量以大豆需氮量为上限（每亩不超过4 kg纯氮），播种时对玉米添加种肥，以缓释肥为主，施肥量参照当地单作玉米单株用肥量，大豆不添加种肥。不整地的夏玉米带状间作夏大豆模式可采用种肥+追肥两段式施肥，利用带状间作施肥播种机分别施肥，大豆施用低氮配方肥，玉米按当地单作玉米总需氮量的1/2（每亩6～9 kg纯氮）施玉米专用配方肥，在玉米大喇叭口期再追施尿素或玉米专用配方肥（每亩6～9 kg纯氮）。西南带状套作区可采用种肥+追肥两段式施肥，即玉米播种时每亩施25 kg玉米高氮专用配方肥，玉米大喇叭口期将玉米追肥和大豆底肥结合施用，每亩施纯氮7～9 kg、五氧化二磷3～5 kg、氧化钾3～5 kg，肥料在玉米带外侧15～25 cm处开沟施入。不能施缓释肥的地区可采用底肥、种肥与追肥三段式施肥，底肥以低氮配方肥与有机肥结合，每亩纯氮不超过4 kg，有机肥可施用畜禽粪便堆肥每亩300～400 kg，结合整地深翻土中，种肥仅针对玉米施用，每亩施氮量10～14 kg，追肥通常在基肥与种肥不足时施用。

（五）化学调控

玉米化控降高。适用于风大、易倒伏的地区和水肥条件较好、生长偏旺、种植密度大、品种易倒伏、对大豆遮阴严重的田块。密度合理、生长正常地块可不化控。在化控药剂最适喷药时期喷施，注意控制合适的药剂浓度，均匀喷洒于上部叶片，不重喷不漏喷。喷药后6 h内如遇雨淋，可在雨后酌情减量再喷1次。可使用胺鲜酯、乙烯利等调节剂，要严格按照说明书使用。

大豆控旺防倒。带状间作自播种后40~50 d、带状套作自大豆苗期开始，大豆受玉米遮阴影响逐步显现，容易导致大豆节间过度伸长，株高增加，茎秆强度降低，严重时主茎出现藤蔓化，加重后期倒伏风险，造成机收困难，百粒重降低。生产中常用于大豆控旺防倒的生长调节剂为烯效唑，在大豆分枝期、初花期用5%的烯效唑可湿性粉剂20~50 g/亩兑水30~40 kg叶面喷施，套作大豆苗期荫蔽较重地块，可提前至2~3个复叶时多喷1次。上述调节剂可与非碱性农药、微肥混合使用。

（六）病虫防控

大豆玉米带状复合种植与单作玉米、单作大豆相比，各主要病害的发生率均降低。田间常见玉米病害有叶斑类病害（大斑病、小斑病、灰斑病等）、纹枯病、茎腐病、穗腐病等，其中，以纹枯病、大斑病、小斑病、穗腐病发生普遍；常见大豆病害有大豆病毒病、根腐病、细菌性叶斑病、荚腐病等，其中病毒病和细菌性叶斑病为常发病，根腐病随着种植年限延长而加重。结荚期，如遇连续降雨，大豆荚腐病发生较重。

玉米的遮挡有利于降低大豆害虫为害，特别是降低斜纹夜蛾、蚜虫和高隆象的发生。总体上采取"一施多治、一具多诱"的防控策略，针对发生时期一致、且玉米和大豆的共有病虫害，采用广谱生防菌剂、农用抗生素、高效低毒杀虫、杀菌剂等统一防治，达到一次施药、兼防多种病虫害的目标。采用物理、生物与化学防治相结合。利用智能LED集成波段杀虫灯和性诱器诱杀害虫，在此基础上，结合无人机统防三次病虫害，时间为大豆苗后3~4叶、玉米大喇叭口—抽雄期、大豆结荚—鼓粒期，采用"杀菌剂、杀虫剂、增效剂、调节剂、微肥"五合一套餐制施药。

（七）杂草防除

采取"封定结合"的杂草防除策略，即采用播后芽前封闭与苗后定向茎叶喷药相结合的方法防除杂草，优先选择芽前封闭除草，减轻苗后除草压力，苗后定向除草要抓住出苗后1～2周杂草防除关键期。

带状间作区在播后苗前，对于以禾本科杂草为主的田块，用96%精异丙甲草胺乳油进行封闭除草，对于单、双子叶杂草混合为害的田块，可选用96%精异丙甲草胺乳油+80%唑嘧磺草胺水分散粒剂（75%噻吩磺隆水分散粒剂）兑水喷雾。带状套作区如果玉米行间杂草较多，在大豆播前4～7 d，先用微耕机灭茬后，再选用50%乙草胺乳油+41%草甘膦水剂兑水定向喷雾，注意不要将药液喷施到玉米茎叶上，以免发生药害。

芽前除草效果不好的田块，在玉米、大豆苗后早期应及时喷施茎叶处理除草剂。喷药时间一般在大豆2～3片复叶、玉米3～5叶期，杂草2～5叶期，根据当地草情，在植保技术人员指导下，选择玉米、大豆专用除草剂实施茎叶定向除草。除草时间过早或过晚均易发生药害或降低药效。苗后除草要严格做好两个作物间的隔离，严防药害。后期对于难防杂草可人工拔除。在选择茎叶处理除草剂时，要注意选用对临近作物和下茬作物安全性高的除草剂品种。

（八）机械收获

有玉米先收、大豆先收和玉米大豆同时收3种模式。

玉米先收适用于玉米先于大豆成熟的区域，主要在西南带状套作区及华北带状间作区。该模式播种时应在地头种植玉米，收获时先收地头玉米，利于机具转行收获，缩短机具空载作业时间，选择宽度不大于大豆带间距离的玉米收获机。

大豆先收适用于大豆先于玉米成熟的区域，主要在黄淮海、西北等地的带状间作区。该模式播种时应在地头种植大豆，收获时先收地头大豆，利于机具转行收获，缩短机具空载作业时间，选择宽度不大于玉米带间距离的大豆收获机。

大豆玉米同时收适用于玉米大豆成熟期一致的区域，主要在西北、黄淮海等地的间作区。该模式有两种形式：一是采用当地生产上常用的玉米和大豆机型，一前一后同时收获玉米和大豆；二是对青贮玉米和青贮大豆采用青贮收获机同时收获粉碎。

三、重点工作

（一）强化技术试验

重点围绕本地区适宜玉米大豆品种、适宜模式配比、适宜播种施肥方式、适宜苗后除草剂、适宜收获方式等"五适宜"筛选，大力开展品种、肥料、机具、药剂等对比试验，做好关键数据记载，及时开展技术效果评价，为大面积推广应用提供权威技术参考。

（二）强化模式集成

加强与科研教学单位联合，加强栽培、种子、土肥、植保、农机5个专业融合，合力开展品种模式配比、机播机管机收、草害绿色防控等关键共性技术集成熟化、试验示范和推广应用。集成一批因地制宜、稳产高效的大豆玉米带状复合种植技术模式，全面提高本地区稳玉米、扩大豆、提产能技术支撑能力。

（三）强化技术指导

省县级农业技术推广部门要组织专家制定本地区大豆玉米带状复合种植技术方案，提高技术的可操作性，明确包县包户技术指导任务。不定期组织线上技术咨询活动，在关键农时季节，及时组织农技人员深入田间地头，切实帮助解决生产实际问题，提高技术服务到位率。

（四）强化宣传培训

通过广播、电视、报纸、微信以及明白纸等多种形式，加强技术在稳粮增豆、提质增效等方面的宣传。在关键环节、重要农时以现场观摩、技术交流、专家讲座等方式开展培训，着力提高基层农技人员和广大农民对技术的认识，提高农民主动应用技术的意识，营造良好社会氛围。

二、大豆玉米带状复合种植指南

贯彻落实中央农村工作会议和全国农业农村厅局长会议精神，探索玉米大豆兼容发展、协调发展，乃至相向发展的路径，千方百计扩大大豆生产，2022年1月28日，农业农村部种植业管理司会同全国农技中心和四川农业大学，组织编发了《大豆玉米带状复合种植指南》，包括《玉米—大豆带状复合种植技术》《全国大豆玉米带状复合种植技术模式图》和短视频等系列，指导各地高标准高质量推广大豆玉米带状复合技术模式，盯紧盯牢关键环节，抓住抓好关键区域，落实落细关键技术。

大豆玉米带状复合种植改单一作物种植为高低作物搭配间作、改等行种植为大小垄种植，充分发挥边行优势，实现玉米产量基本不减、增收一季大豆，是传统间套种技术的创新发展。该模式集成了品种搭配、扩行缩株、营养调控、减量施肥、绿色防控、封闭除草、机播机收等关键技术，集高效轮作、绿色增收、提质增效三位一体，实现了基础理论研究、应用技术（机具）和示范推广的有机结合，为扩大大豆种植、提高大豆产能开辟了新的技术路径。2022年，农业农村部将在全国16个省份推广该模式1 500万亩以上。

《玉米—大豆带状复合种植技术》全面系统地介绍了该模式的理论基础、关键技术、操作方法和主要成效，共编印了10万册，已印发到16个省份。《全国大豆玉米带状复合种植技术模式图》分为西南地区套作模式、西南地区间作模式、西北地区间作模式、黄淮海地区间作模式4册，图文并茂介绍了品种搭配、播种施肥、病虫草害防控、机械收获等环节技术要点，编印了20万套，近期将全面发放到承担任务的实施主体。短视频共分15集，通过专家现场讲解的方式，手把手指导农民落实关键措施，正在利用各种新媒体平台集中推送，全面提高技术覆盖面和到位率。

三、大豆玉米带状复合种植除草剂使用指导意见

大豆玉米带状复合种植技术对除草剂品种选择、施用时间、施药技巧等提出了更高要求。为科学规范带状复合种植除草技术应用，提高防除效果，全国农业技术推广服务中心组织专家研究制定了《大豆玉米带状复合种植除草剂使用指导意见》。2022年2月15日印发，要求各地结合实际，细化实施方案，强化技术指导，严防发生药害，保障生产安全。《大豆玉米带状复合种植除草剂使用指导意见》如下。

大豆玉米带状复合种植除草剂使用指导意见

大豆玉米带状复合种植技术对除草剂品种选择、施用时间、施药方式等提出了更高要求。为科学规范带状复合种植除草技术应用，提高防除效果，全国农业技术推广服务中心组织专家研究制定了《大豆玉米带状复合种植除草剂使用指导意见》，供各地参考。

一、防控策略

大豆玉米带状复合种植杂草防除坚持综合防治原则，充分发挥翻耕旋耕除草、地膜覆盖除草等农业、物理措施的作用，降低田间杂草发生基数，减轻化学除草压力。使用除草剂坚持"播后苗前土壤封闭处理为主、苗后茎叶喷施处理为辅"的施用策略，根据不同区域特点、不同种植模式，既要考虑当茬大豆、玉米生长安全，又要考虑下茬作物和来年大豆玉米带状复合种植轮作倒茬安全，科学合理选用除草剂品种和施用方式。

因地制宜。各地要根据播种时期、种植模式、杂草种类等制定杂草防治技术方案，因地制宜科学选用适宜的除草剂品种和使用剂量，开展分类精准指导。

治早治小。应优先选用播后苗前土壤封闭处理除草方式，减轻苗后除草压力。苗后除草重点抓住出苗期和幼苗期，此时杂草与作物开始竞争，也是杂草最敏感脆弱的阶段，除草效果好。

安全高效。杂草防控使用的除草剂品种要确保高效低毒低残留，对环境友好，确保本茬大豆、玉米及周边作物的生长安全，同时对下茬作物不会造成影响。

二、技术措施

（一）大豆玉米带状套作

主要在西南地区，降雨充沛，杂草种类多，防除难度大。玉米先于大豆播种，除草剂使用应封杀兼顾。玉米播后苗前选用精异丙甲草胺（或乙草胺）+噻吩磺隆等药剂进行土壤封闭处理，如果玉米播前田间已经有杂草的可用草铵膦喷雾；土壤封闭效果不理想需茎叶喷雾处理的，可在玉米苗后3～5叶期选用烟嘧磺隆+氯氟吡氧乙酸（或二氯吡啶酸、灭草松）定向（玉米种植区域）茎叶喷雾。

大豆播种前3天，根据草相选用草铵膦、精喹禾灵、灭草松等在田间空行进行定向喷雾，播后苗前选用精异丙甲草胺（或乙草胺）+噻吩磺隆等药剂进行土壤封闭处理。土壤封闭效果不理想需茎叶喷雾处理的，在大豆3～4片三出复叶期选用精喹禾灵（或高效氟吡甲禾灵、精吡氟禾草灵、烯草酮）+乙羧氟草醚（或灭草松）定向（大豆种植区域）茎叶喷雾。

（二）大豆玉米带状间作

主要在西南、黄淮海、长江中下游和西北地区。大豆玉米同期播种，除草剂使用以播后苗前封闭处理为主。选用精异丙甲草胺（或异丙甲草胺、乙草胺）＋唑嘧磺草胺（或噻吩磺隆）等药剂进行土壤封闭。

土壤封闭效果不理想需茎叶喷雾处理的，可在玉米苗后3～5叶期，大豆2～3片三出复叶期，杂草2～5叶期，根据当地草情，选择玉米、大豆专用除草剂实施茎叶定向除草（要采用物理隔帘将玉米大豆隔开施药）。后期对于难防杂草可人工拔除。

黄淮海地区：麦收后田间杂草较多，在玉米和大豆播种前，先用草铵膦进行喷雾处理，灭杀已经出苗的杂草。在玉米和大豆播种后立即进行土壤封闭处理，土壤封闭施药后，可结合喷灌、降雨或灌溉等措施，将小麦秸秆上黏附的药剂淋溶到土壤表面，提高封闭效果。

西北地区：推广采用黑色地膜覆膜除草技术，降低田间杂草发生基数。在没有覆膜的田块，播后苗前进行土壤封闭处理。

内蒙古：采用全膜覆盖或半膜覆盖控制部分杂草。在没有覆膜的田块，播后苗前进行土壤封闭处理，结合苗后玉米、大豆专用除草剂定向喷雾。

三、注意事项

（一）优先选用噻吩磺隆、唑嘧磺草胺、灭草松、精异丙甲草胺、异丙甲草胺、乙草胺、二甲戊灵7种同时登记在玉米和大豆上的除草剂。土壤有机质含量在3%以下时，选择除草剂登记剂量低量；土壤有机质含量在3%以上时，选择除草剂登记剂量高量。喷施除草剂时，应保证喷洒均匀，干旱时土壤处理每亩用水量在40 L以上。

（二）在选择茎叶处理除草剂时，要注意选用对临近作物和下茬作物安全性高的除草剂品种。精喹禾灵、高效氟吡甲禾灵、精吡氟禾草灵和烯草酮等药剂飘移易导致玉米药害；氯氟吡氧乙酸和二氯吡啶酸等药剂飘移易导致大豆药害，莠去津、烟嘧磺隆易导致大豆、小麦、油菜残留药害，氟磺胺草醚对下茬玉米不安全。

（三）如果发生除草剂药害，可在作物叶面及时喷施吲哚丁酸、芸苔素内酯、赤霉酸等，可在一定程度上缓解药害。同时，应加强水肥管理，促根壮苗，增强抗逆性，促进作物快速恢复生长。

（四）使用喷杆喷雾机定向喷雾时，应加装保护罩，防止除草剂飘移到临近作物，同时应注意除草剂不径流到临近其他作物。喷雾器械使用前应彻底清洗，以防残存药剂导致作物药害。

（五）喷洒除草剂时，要注意风力、风向及晴雨等天气变化。选择晴天无风且最低气温不低于4 ℃时用药，喷药时间选择10：00以前和16：00以后最佳，夏季高温季节中午不能喷药。阴雨天、大风天禁止用药，以防药效降低及雾滴飘移产生药害。

四、大豆玉米带状复合种植病虫害防治技术指导意见

为贯彻落实农业农村部《"十四五"全国种植业发展规划》关于推广大豆玉米带状复合种植有关要求，做好该种植技术模式下的病虫害防治，全国农业技术推广服务中心组织国家大豆、玉米产业技术体系等方面的专家制定了《大豆玉米带状复合种植病虫害防治技术指导意见》。2022年2月15日印发，要求各地结合实际，细化实施方案，强化技术指导，严防发生药害，保障生产安全。

大豆玉米带状复合种植病虫害防治技术指导意见

大豆玉米带状复合种植是稳粮增油的重大技术，是解决粮油争地的重要举措。为指导做好该模式下病虫害的防治工作，推进玉米和大豆兼容发展、协调发展，特制定本意见。

一、防治思路

以大豆、玉米复合种植模式为主线，以间（套）作期两种作物主要病虫害协调防控为重点，综合应用农业防治、生态调控、理化诱控、生物防治和科学用药等防控措施，实施病虫害全程综合防治，切实提高防治效果，降低病虫为害损失。

二、防治重点

（一）西南间（套）作种植模式区

大豆：炭疽病、根腐病、病毒病、锈病，斜纹夜蛾、蚜虫、豆秆黑潜蝇、豆荚螟、地下害虫、高隆象等；玉米：纹枯病、大斑病、灰斑病、穗腐病，草地贪夜蛾、玉米螟、二代和三代黏虫、地下害虫等。

（二）西北间作模式区

大豆：病毒病、根腐病，蚜虫、大豆食心虫、豆荚螟、地下害虫等；玉米：大斑病、茎腐病、灰斑病，黏虫（二代、三代）、玉米螟、双斑长跗萤叶甲、红蜘蛛、地下害虫等。

（三）黄淮间作模式区

大豆：根腐病、拟茎点种腐病、霜霉病，点蜂缘蝽、蚜虫、烟粉虱、斜纹夜蛾、豆秆黑潜蝇、大豆食心虫、豆荚螟、地下害虫等；玉米：南方锈病、茎腐病、穗腐病、褐斑病、弯孢菌叶斑病、小斑病、粗缩病，草地贪夜蛾、玉米螟、棉铃虫、黏虫（二代、三代）、桃蛀螟、玉米蚜虫、二点委夜蛾、蓟马等。

三、全程综合防控技术

加强调查监测，及时掌握病虫害发生动态，做到早发现、早防治。在病虫害防控关键时期，采用植保无人机、高秆喷雾机等喷施高效低风险农药，提高防控效果，控制病虫发生为害。

（一）播种期

在确定适应的复合种植模式的基础上，选择适合当地的耐密、耐阴抗病虫品种，合理密植，做好种子处理，预防病虫为害。种子处理以防治大豆根腐病、拟茎点种腐病、玉米茎腐病、丝黑穗病等土传种传病害和地下害虫、草地贪夜蛾、蚜虫等苗期害虫为主，选择含有精甲·咯菌腈、丁硫·福美双、噻虫嗪·噻呋酰胺等成分的种衣剂进行种子包衣或拌种。不同区域应根据当地主要病虫种类选择相应的药剂进行种子处理，必要时可对玉米、大豆包衣种子进行二次拌种，以弥补原种子处理配方的不足。

（二）苗期至玉米抽雄期（大豆分枝期）

重点防治玉米螟、桃蛀螟、蚜虫、烟粉虱、红蜘蛛、叶斑病、大豆锈病、豆秆黑潜蝇、斜纹夜蛾、蜗牛等。一是采取理化诱控措施，在玉米螟、桃蛀螟、斜纹夜蛾等成虫发生期使用杀虫灯结合性诱剂诱杀害虫；二是针对棉铃虫、斜纹夜蛾、金龟子（蛴螬成虫）等害虫，自田间出现开始，采用生物防治措施，优先选用苏云金杆菌、球孢白僵菌、甘蓝夜蛾核型多角体病毒、金龟子绿僵菌等生物制剂进行喷施防治；三是在田间棉铃虫、斜纹夜蛾、桃蛀螟、蚜虫、红蜘蛛等害虫发生密度较大时，于幼虫发生初期，选用四氯虫酰胺、甲氨基阿维菌素苯甲酸盐、乙基多杀菌素、茚虫威等杀虫剂喷雾防治，根据玉米、大豆叶斑类病害、锈病等病害发生情况，选用吡唑醚菌酯、戊唑醇等杀菌剂喷雾防治。

（三）开花期至成熟期

此期是大豆保荚、玉米保穗的关键时期。在前期防控的基础上，根据玉米大斑病、小斑病、锈病、褐斑病、钻蛀性害虫，大豆锈病、叶斑病、豆荚螟、大豆食心虫、点蜂缘蝽、斜纹夜蛾等发生情况，针对性选用枯草芽孢杆菌、井冈霉素A、苯醚甲环唑、丙环·嘧菌酯等杀菌剂和氯虫苯甲酰胺、高效氯氟氰菊酯、溴氰菊酯或者含有噻虫嗪成分的杀虫剂喷施，兼治玉米、大豆病虫害。根据玉米生长后期植株高度的情况，宜利用高秆喷雾机或植保无人机进行防治。

注意事项：采用无人机施药时要注意添加增效剂、沉降剂，保证每亩1.5～2 L的药液量。特别是防治害虫时，要抓住低龄幼虫防控最佳时期，以保苗、保芯、保产为目标开展统防统治。收获后及时进行秸秆粉碎或者打包处理，以减少田间病残体和虫源数量。

五、落实落细大豆玉米带状复合种植配套农机装备保障工作

在适宜地区大力推广大豆玉米带状复合种植（以下简称"复合种植"），要尽可能降低劳动强度和生产成本，实用高效种管收作业机具保障是关键。为落实落细复合种植配套农机装备保障各项工作，提升关键环节机械化生产效率质量，2022年1月30日，农业农村部办公厅印发《关于落实落细大豆玉米带状复合种植配套农机装备保障工作的通知》（农办机〔2022〕1号）。

农业农村部办公厅关于落实落细大豆玉米带状复合种植配套农机装备保障工作的通知

河北、山西、内蒙古、江苏、安徽、山东、河南、湖南、广西、重庆、四川、贵州、云南、陕西、甘肃、宁夏等省（自治区、直辖市）农业农村（农牧）厅（委），各有关单位：

在适宜地区大力推广大豆玉米带状复合种植（以下简称"复合种植"），实现玉米基本不减产、增收一季大豆，是推动大豆玉米兼容发展、协调发展乃至相向发展的主要途径，对提升国家粮油综合生产能力意义重大。大面积推广复合种植，要尽可能降低劳动强度和生产成本，实用高效种管收作业机具保障是关键。为贯彻落实中央农村工作会议、全国农业农村厅局长会议精神和《农业农村部关于做好2022年大豆油料扩种工作的指导意见》（农农发〔2022〕2号）有关部署要求，落实落细复合种植配套农机装备保障各项工作，提升关键环节机械化生产效率质量，现就有关事项通知如下。

一、总体要求

各级农业农村部门要高度重视复合种植配套农机装备保障工作，将之作为必须完成好的重大任务，加强组织领导，以超常规的工作力度抢前抓早、攻坚克难，系统谋划、落细落小工作措施，务必取得实效。按照"造改结合""长短结合"的原则，围绕满足不同区域复合种植主推技术模式的播种、植保、收获环节农机作业需要，形成政企研推用紧密联动工作机制。因地制宜科学制定技术方案和工作推进方案，尽早研究明确支持政策，紧抓现有机具适配改造应用，同步加快复合种植专用机械研制推广。广泛开展机具演示和技术培训，提前对接机具装备供给和作业服务供需，加密工作督促指导，确保种得好、管得住、收得上，为完成复合种植2022年目标任务和长远发展提供坚实有力的机械化支撑。

二、抓紧细化装备保障方案

相对玉米、大豆净作种植方式，复合种植有扩间增光、缩株保密等特殊农艺要求，多数地方存在现有在用种管收机械适应性不强、机手作业经验缺乏等困难，配套机具保障工作任务艰巨、时间紧迫。各地要抓紧组织栽培、植保、农机方面的专家和相关推广机构沟通会商,尽早确定复合种植具体技术模式、农艺参数、农机作业技术要求,分区域分模式制定全程机械化技术方案。做好摸底调查,按县域梳理在用播种机等关键机具情况,包括机具型号、性能参数、保有量等基础数据,并对照复合种植株行距、亩播量、播种深度等要求,分析厘清各环节可用可改机具数量分布及存在的数量缺口、可能出现的作业质量问题等,研究提出解决路径。结合省域县域复合种植面积任务、实施地块主体落实情况,按照在用机具改造、常规兼用机具购置、复合种植专用机具购置三大类测算需求,提前与农机产销企业、修造网点对接做好整机及零配件备货供应准备,逐级形成复合种植配套农机装备保障方案。县级保障方案要细化到模式、地块、主体和时间节点,确保播种前1个月将机具来源、作业服务主体对接落实到位。

三、多措并施增加适用机具供给

各地要通过指导改造现有机具、支持引导新研新购机具等措施,尽快增加适用复合种植机具有效供给。研究提出现有主流机型适配改造操作指引,发布改造实例,提前组织各县摸清农机修造网点布局和能力,落实怎么改、谁来改、何时改,做好改造配件协调供应,确保在作业季前完成改造任务。及时筛选发布急需适用的2行播种机、2行玉米收获机,以及具备密植分控功能的一体化播种机械、定向除草功能的植保机械等农机产品信息,组织供需对接活动,为农民选机用机提供帮助。积极组织和支持科研单位、农机企业开展跨带收获机、双系统收获机等新型专用机具研发攻关,推动机具试制试验、改进熟化。及时研究制订复合种植专用机具标准和试验鉴定大纲,采取绿色通道等便捷方式优先安排相关农机产品检测鉴定。加大农机购置与应用补贴政策支持力度,对于补贴范围内复合种植急需的相关机械要优先补贴、应补尽补;对于暂时无法鉴定的复合种植一体化播种机等专用机具应采用新产品补贴试点方式予以支持并尽快启动,便于相关企业安排生产。鼓励采取财政支持统一购置或累加补贴方式,进一步调动农户购置使用复合种植专用机械的积极性。加强对财政补贴机具的监督管理。

四、深入开展培训指导

成立部省两级大豆油料扩种机具装备评估评价工作组,指导农机研发制造、试验鉴定、机具选型、购置补贴、推广应用等工作联动。各地要结合实际细化《大豆玉米带状复合种植配套机具应用指引》，明确不同区域不同模式配套机具如何选、怎样改、怎么用。要建立复合种植机械化技术指导骨干队伍，线上线下相结合，逐级开展种管收等关键环节机械化技术培训，展示观摩先进适用机具，宣传全程机械化解决方案。各县（市、区）应在大豆玉米播种期前，对复合种植农户和机手进行田间操作实训，引导实施主体统筹考虑全程机械化作业便利，提前做好作物种植布局、作业路线规划，确保各环节衔接配套。在关键农时，组织技术骨干和农机产销企业深入生产一线开展应用指导，手把手传授调试方法和操作技能，依托农机服务组织培养一批复合种植机械化作业能手，确保复合种植机具用得上、用得好。要精心组织农机社会化服务，有效对接作业服务供需，特别要针对当地复合种植专用播种机械、窄幅收获机械保有量缺口问题，加强省域县域间沟通协作，引导开展跨区作业服务。要对复合种植重点区域实行包片指导，督促落实机具保障工作措施，及时调度关键环节农机作业进度，协调解决困难问题，确保种得好、管得住、收得上，以机械化的有力支撑，增强各地发展复合种植的信心。

六、大豆玉米带状复合种植配套机具应用指引

为深入贯彻落实中央农村工作会议及全国农业农村厅局长会议部署要求，全力推进大豆玉米带状复合种植机械化，农业农村部农业机械化管理司组织农业农村部农业机械化总站和农作物生产全程机械化推进专家指导组制定了《大豆玉米带状复合种植配套机具应用指引》，2022年1月13日印发，供开展相关工作参考。要求结合实际，因地制宜分区域、分模式研究细化大豆玉米带状复合种植机具配套方案和操作技术规范，加强培训指导，为提高大豆玉米带状复合种植质量效益提供有效机具装备支撑保障。

大豆玉米带状复合种植配套机具应用指引

大豆玉米带状复合种植技术采用大豆带与玉米带间作套种，充分利用高位作物玉米边行优势，扩大低位作物空间，实现作物协同共生、一季双收、年际

间交替轮作，可有效解决玉米、大豆争地问题。为做好大豆玉米带状复合种植机械化技术应用，提供有效机具装备支撑保障，针对西北、黄淮海、西南和长江中下游地区主要技术模式制定了大豆玉米带状复合种植配套机具应用指引，供各地参考。其他地区和技术模式可参照应用。

一、机具配套原则

今年是大面积推广大豆玉米带状复合种植技术的第一年，为便于全程机械化实施落地，在机具选配时，应充分考虑目前各地实际农业生产条件和机械化技术现状，优先选用现有机具，通过适当改装以适应复合种植模式行距和株距要求，提高机具利用率。有条件的可配置北斗导航辅助驾驶系统，减轻机手劳动强度，提高作业精准度和衔接行行距均匀性。

二、播种机具应用指引

播种作业前，应考虑大豆、玉米生育期，确定播种、收获作业先后顺序，并对播种作业路径详细规划，妥善解决机具调头转弯问题。大面积作业前，应进行试播，及时查验播种作业质量、调整机具参数，播种深度和镇压强度应根据土壤墒情变化适时调整。作业时，应注意适当降低作业速度，提高小穴距条件下播种作业质量。

（一）2+3和2+4模式

该模式玉米带和大豆带宽度较窄，大豆玉米分步播种时，应注意选择适宜的配套动力轮距，避免后播作物播种时碾压已播种苗带，影响出苗。玉米后播种时，动力机械后驱动轮的外沿间距应小于160 cm；大豆后播种时，2+3模式动力机械后驱动轮的外沿间距应小于180 cm，2+4模式后驱动轮的外沿间距应小于210 cm；驱动轮外沿与已播作物播种带的距离应大于10 cm。如大豆玉米可同时播种，可购置1+X+1型（大豆居中，玉米两侧）或2+2+2型（玉米居中，大豆两侧）大豆玉米一体化精量播种机，提高播种精度和作业效率；一体化播种机应满足株行距、单位面积施肥量、播种精度、均匀性等方面要求；作业前，应对玉米、大豆播种量、播种深度和镇压强度分别调整；作业时，注意保持衔接行行距均匀一致，防止衔接行间距过宽或过窄。

（1）黄淮海地区

目前该地区玉米播种机主流机型为3行和4行，大豆播种机主流机型为3到6

行，或兼用玉米播种机。前茬小麦收获后，可进行灭茬处理，提高播种质量，提升出苗整齐度。

玉米播种时，将播种机改装为2行，调整行距接近40 cm，通过改变传动比调整株距至10～12 cm，平均种植密度为4 500～5 000株/亩，并加大肥箱容量、增设排肥器和施肥管，增大单位面积施肥量。大豆播种时，优先选用3行或4行大豆播种机，或兼用可调整至窄行距的玉米播种机，通过调整株行距来满足大豆播种的农艺要求，平均种植密度为8 000～10 000株/亩。

（2）西北地区

该地区覆膜打孔播种机应用广泛，应注意适当降低作业速度，防止地膜撕扯。

玉米播种时，可选用2行覆膜打孔播种机，调整行距接近40 cm，通过改变鸭嘴数量将株距调整至10 cm左右，平均种植密度为4 500～5 000株/亩，并增大单位面积施肥量。大豆播种时，优先选用3行或4行大豆播种机，或兼用可调整至窄行距的玉米播种机，可采用一穴多粒的播种方式，平均种植密度为11 000～12 000株/亩。

（3）西南和长江中下游地区

该区域大豆玉米间套作应用面积较大，配套机具应用已经过多年试验验证。

玉米播种时，可选用2行播种机，调整行距接近40 cm，株距调整至12～15 cm，平均种植密度为4 000～4 500株/亩，并增大单位面积施肥量。大豆播种采用2+3模式时，可在2行玉米播种机上增加一个播种单体；采用2+4模式时，可选用4行大豆播种机完成播种作业；株距调整至9～10 cm，平均种植密度为9 000～10 000株/亩。

（二）3+4、4+4和4+6模式

（1）黄淮海地区

玉米播种时，可选用3行或4行播种机，调整行距至55 cm，通过改变传动比将株距调整至13～15 cm，玉米平均种植密度为4 500～5 000株/亩。大豆播种时，优先选用4行或6行大豆播种机，或兼用可调整至窄行距的玉米播种机，通过改变传动比和更换排种盘调整穴距至8～10 cm，大豆平均种植密度为8 000～9 000株/亩。

（2）西北地区

玉米播种时，可选用4行覆膜打孔播种机，调整行距至55 cm，通过改变鸭嘴数量将株距调整至13～15 cm，玉米平均种植密度为4 500～5 000株/亩。大豆播种时，优先选用4行或6行大豆播种机，或兼用可调整至窄行距的玉米播种机，株距调整至13～15 cm，可采用一穴多粒播种方式，大豆平均种植密度为9 000～10 000株/亩。

三、植保机具应用指引

一是合理选用药剂及用量，按照机械化高效植保技术操作规程进行防治作业。

二是杂草防控难度较大，应尽量采用播后苗前化学封闭除草方式，减轻苗后除草药害。播后苗前喷施除草剂应喷洒均匀，在地表形成药膜。

三是苗后喷施除草剂时，可改装喷杆式喷雾机，设置双药箱和喷头区段控制系统，实现不同药液的分条带喷施，并在大豆带和玉米带间加装隔离板，防止药剂带间飘移，也可在此基础上更换防飘移喷头，提升隔离效果。

四是喷施病虫害防治药剂时，可根据病虫害的发生情况和区域，选择大豆玉米统一喷施或独立喷施。

五是也可购置使用"一喷施两防治"复合种植专用一体化喷杆喷雾机。

四、收获机具应用指引

根据作物品种、成熟度、籽粒含水率及气候等条件，确定两种作物收获时期及先后收获次序，并适期收获、减少损失。当玉米果穗苞叶干枯、籽粒乳线消失且基部黑层出现时，可开始玉米收获作业；当大豆叶片脱落、茎秆变黄，豆荚表现出本品种特有的颜色时，可开始大豆收获作业。

根据地块大小、种植行距、作业要求选择适宜的收获机，并根据作业条件调整各项作业参数。玉米收获机应选择与玉米带行数和行距相匹配的割台配置，行距偏差不应超过5cm，否则将增加落穗损失。用于大豆收获的联合收割机应选择与大豆带幅宽相匹配的割台割幅，推荐选配割幅匹配的大豆收获专用挠性割台，降低收获损失率。大面积作业前，应进行试收，及时查验收获作业质量、调整机具参数。

（一）2+3和2+4模式

如大豆玉米成熟期不同，应选择小两行自走式玉米收获机先收玉米，或选择窄幅履带式大豆收获机先收大豆，待后收作物成熟时，再用当地常规收获机完成后收作物收获作业；也可购置高地隙跨带玉米收获机，先收两带4行玉米，再收大豆。如大豆玉米同期成熟，可选用当地常用的2种收获机一前一后同步跟随收获作业。

（二）3+4、4+4和4+6模式

目前，常用的玉米收获机、谷物联合收割机改装型大豆收获机均可匹配，可根据不同行数选择适宜的收获机分步作业或跟随同步作业。

七、大豆玉米带状复合种植配套机具调整改造指引

为做好豆玉米带状复合种植配套农机装备保障工作，农业农村部农业机械化管理司组织农业农村部农业机械化总站和农作物生产全程机械化专家指导组制定了《大豆玉米带状复合种植配套机具调整改造指引》，2022年3月11日印发给，供开展相关工作参考。要求结合实际，因地制宜分区域、分模式研究细化机具调整改造方案，落实怎么改、谁来改、何时改，做好配件供应，加强培训指导，多措并施增加适用机具供给，为保证大豆玉米带状复合种植玉米不减产、亩多收大豆100 kg以上提供有效机具装备支撑保障。

大豆玉米带状复合种植配套机具调整改造指引

为加强大豆玉米带状复合种植（以下简称"复合种植"）配套机具供给，提供有效装备支撑保障，针对大中型机具保有量较多的黄淮海地区和西北地区主要技术模式和主流机型，制定了复合种植配套机具调整改造指引，供各地参考。其他地区、技术模式和机型可参照应用。

一、调整改造原则

确保安全性。应作为首要条件，调整改造时应注意排查安全隐患，做好个人防护；机具危险部件应加装安全防护装置，存在安全隐患的部位应在明显位

置设置安全警示标志，与拖拉机配套时稳定性应满足要求，严防调整改造后，机具出现伤人毁机事件。

突出适用性。充分考虑目前各地实际农业生产条件、复合种植技术模式和机具保障现状，因地制宜以机适地开展机具调整改造，最大限度地满足复合种植机械化生产需求。

注重便捷性。机具调整改造方式应简单、便捷，优先采用调整档位等简易方式进行，其次采用更换排种盘、喷头等商品化零配件方式进行，确有必要再采用焊接、切分等复杂方式。

兼顾经济性。统筹考虑改造成本和机具性能，如改造成本超过新购置适用机具成本的30%，为保证作业质量和减少支出成本，宜新购置复合种植专用机具。

二、播种机调整改造

播种机以调整为主，部分改造需购置排种盘、鸭嘴式播种轮、齿轮等零配件。

（一）黄淮海地区

目前，适宜该地区调整改造的主流机型为麦茬地玉米免耕播种机，其中，勺轮式播种机保有量最大，指夹式和气力式保有量较小。由于大豆发芽势不强，对种床要求较高，采用调整改造后的玉米免耕播种机播种大豆，应提前开展灭茬作业；采用大豆、玉米分步播种方式，需间隔作物种植带，在秸秆覆盖条件下不易辨识，应注意控制作业间距。应确保玉米播种密度和单株施肥量与净作玉米相差不大。

1. 调整改造实现播种布局和缩行距

2+2（2行大豆+2行玉米）模式配套的一体化播种机调整改造：以黄淮海地区较为常见的4行玉米免耕播种为例，保持播种机两端的2个播种单体不动，分别拧松中间2个播种单体的紧固件，将其向中间调整至40 cm间距，并分别调整两端单体，与中间单体间距均为70 cm，紧固好播种单体，形成中间播种2行玉米、两侧各播种1行大豆的复合种植一体化播种机，通过往复作业，可实现2+2复合种植模式机械化同步播种。如采用勺轮式、指夹式玉米播种机，调整改造为大豆播种单体时，应更换为适宜大豆播种的排种盘；气吸式玉米播种机适用于大豆种形，在株距合适情况下，可不更换排种盘。

3+2（3行大豆+2行玉米）模式配套的一体化播种机调整改造：以黄淮海地区较为常见的4行玉米免耕播种为例，在中间位置增设1个播种单体，并尽量将其与中间2个单体前后错开，形成中间播种3行大豆（间距30～35 cm）、两侧各播种1行玉米（玉米单体与大豆单体间距70 cm）的复合种植一体化播种机，通过往复作业，可实现3+2复合种植模式机械化同步播种。排种器调整改造方式参照上述2+2模式配套的一体化播种机。

4+2（4行大豆+2行玉米）模式配套的一体化播种机调整改造：以黄淮海地区较为常见的3行玉米免耕播种为例（如采用4行播种机则先拆除一个播种单体），保持播种机一侧的播种单体不动，分别拧松其余2个播种单体的紧固件，将播种单体间距按照行距、带间距进行调整并紧固好，形成一侧播种2行大豆（间距30～35 cm）、另一侧播种1行玉米（玉米单体与大豆单体间距70 cm）的复合种植一体化播种机，通过往复作业，可实现4+2复合种植模式机械化同步播种。排种器调整改造方式参照上述2+2模式配套的一体化播种机。

4+4（4行大豆+4行玉米）模式配套的一体化播种机调整改造：以黄淮海地区较为常见的4行玉米免耕播种为例，拧松播种单体的紧固件，将播种单体间距按照行距、带间距进行调整并紧固好，形成一侧播种2行大豆（间距30～35 cm）、另一侧播种2行玉米（玉米单体间距40 cm或者55 cm，玉米单体与大豆单体间距70 cm）的复合种植一体化播种机，通过往复作业，形成玉米带40 cm—80 cm—40 cm宽窄行布局或55 cm等行距布局，实现4+4复合种植模式机械化同步播种。排种器调整改造方式参照上述2+2模式配套的一体化播种机。

4+3（4行大豆+3行玉米）和4+4模式配套的分步大豆播种机调整改造：将现有的3行或4行大豆播种机，拆除多余的播种单体，将行距调整至适宜的大豆播种行距，一般为30～35 cm。如采用勺轮式、指夹式玉米播种机，需更换为适宜大豆播种的排种盘；气吸式玉米播种机适用于大豆种形，在株距合适情况下，可不更换排种盘。

4+3和4+4模式配套的分步玉米播种机调整改造：将现有的3行或4行玉米播种机，拆除多余的播种单体，将行距调整至适宜的玉米播种行距，调整时应充分考虑玉米收获机对行收获要求，如将原4行60 cm等行距玉米播种机的播种单体调整至40 cm—80 cm—40 cm宽窄行布局，或调整至55 cm等行距布局。

2.调整改造实现缩株距

优先采用调整株距档位的方式满足玉米10～14 cm、大豆8～10 cm的株距要求（如果大豆采用双粒播种，则株距可适当加大）；如最小株距档位不能满足要求，可根据排种器不同型式进行调整改造。

勺轮式播种机：可采用调整传动比方式实现，如将主动驱动齿轮和被动驱动齿轮互换位置；如仍不能满足株距要求，可采用更换排种盘方式实现，如将原18穴排种盘更换为24穴排种盘。

指夹式播种机：可更换排种驱动齿轮副塔轮，通过调整传动比方式实现；因指夹式排种器的指夹数为定值12个，无法通过更换排种盘方式实现。

气力式播种机：可采用更换不同孔数排种盘方式实现。

3.调整改造实现增大施肥量

由于大豆和玉米所需肥料不同，一体化播种机大豆和玉米肥箱应分设，其中，大豆种植带施肥量与常规净作种植相差不大，基本不需要改造；玉米种植带施肥量比常规净作种植增加一倍左右，是施肥部件的改造重点。

增大单位时间施肥量：优先采用调节排肥器工作行程至最大位置的方式，如仍不能满足施肥量要求，可更换大排量的排肥器，也可在玉米肥箱底部增开排肥孔并增设施肥管。

增大肥箱容积：如播种作业时加肥频繁，影响作业效率，可适当加大肥箱容积。改造时，应注意机具改造后重心变化，在肥箱加满肥料条件下，整机驻车和行驶中应重心稳定。

（二）西北地区

目前，适宜该地区调整改造的主流机型为鸭嘴式覆膜打孔播种机，排种器也分为勺轮式、指夹式、气吸式等多种机型。鸭嘴式覆膜打孔播种机作业前，一般应完成耕整地和施底肥作业。铺膜播种作业时，两幅地膜中间交接行过窄会造成切膜、壅土等问题，应预留适宜的交接行宽度。不覆膜种植地区，可参照上述黄淮海地区调整改造方式。

1.调整改造实现播种布局和缩行距

由于涉及机械化铺膜作业，调整改造后宜采用适宜行数的播种机分步开展播种作业，通过分别开展不同行数的大豆、玉米播种作业，组合实现不同技术模式。如3+2模式播种时，采用3行大豆和2行玉米播种机分步播种；4+2模式播种时，采用4行大豆和2行玉米播种机分步播种。

如调整改造实现一体化铺膜播种，应针对不同技术模式播种布局和行距选用不同宽度的地膜，并根据地膜宽度调整改造覆膜机构和覆土滚筒；如采用2+2技术模式，可选用两幅窄地膜；采用3+2技术模式，窄地膜不匹配，应采用宽窄膜或宽膜种植。如需铺设滴灌带，应注意滴灌带铺设机构与覆膜机构的匹配。

2.调整改造实现缩株距

鸭嘴式覆膜打孔播种机根据不同的作物品种，每个播种单体鸭嘴数量范围为4~20个。满足复合种植播种穴距的鸭嘴数量一般为8~12个，可通过调整改造不同行数播种机的播种单体，实现大豆和玉米播种。玉米播种时，选装株距为10~12 cm的鸭嘴式播种轮；大豆播种时，选装株距为8~10 cm的鸭嘴式播种轮，或选装排种器为一穴双粒、株距为16~20 cm的鸭嘴式播种轮。通过改变传动比，实现排种数与播种轮鸭嘴数量相匹配；或通过更换排种盘，实现孔穴或指夹数量与鸭嘴数量相匹配。

3.调整改造实现增大施肥量

与黄淮海地区机具调整改造的原理和方式基本相同，可参照上述黄淮海地区调整改造实现增大施肥量。

三、喷杆喷雾机调整改造

喷杆喷雾机是常见的植保机械，具有施药均匀、雾滴飘移少、穿透力强等特点，通过加装隔离装置、并改造为双系统喷雾后，可用于复合种植植保。因大豆和玉米适用除草剂差别较大，在喷施除草剂时，应优先选用大豆和玉米种植系统相融性剂型，如噻吩磺隆、唑嘧磺草胺、灭草松、精异丙甲草胺、异丙甲草胺、乙草胺、二甲戊灵等同时登记在大豆和玉米上的除草剂，避免产生药害；作业时，应减少雾滴飘移，不能混喷。

（一）适宜调整改造机具的选择

1.注意宽度匹配

应根据不同复合种植技术模式（行距、垄距、带宽、带间距等）选择喷幅、轮距、轮胎宽度适宜的喷杆喷雾机，避免作业时出现压苗、压垄现象。宜选用轮距可调的机具；轮胎与桥腿之间的间隙不宜超过30 cm，避免垄行间行驶剐蹭，损坏作物茎叶。

2. 注意高度匹配

应根据不同作业季节的作物植株高度选择地隙高度、喷杆高度适宜的喷杆喷雾机，避免作业时出现喷雾高度不够、机具碰苗等问题，宜选用离地间隙达到1.2 m以上、喷杆高度0.5～2.3 m任意可调的机具。

3. 其他匹配要求

应根据不同施药量需求选择适宜药箱容积的机具。为便于实时观察施药作业时喷头与大豆和玉米种植带对位情况，提升施药作业准确度，宜选择喷杆前置的机具。

（二）调整改造实现双系统植保作业

通过改造药箱、液泵、药液管路、喷头体，并加装隔离防护装置，形成大豆和玉米两套喷雾系统，实现复合种植一体化植保作业。

1. 药箱改造

大豆和玉米适用的药剂一般不同，药箱应分设。双药箱机具可通过改造实现两个药箱隔离分装不同药剂。单药箱机具可增设附加药箱，并明显区分；附加药箱安装位置应科学合理，充分考虑机具重心问题，确保在药箱空载、满载条件下机具重心稳定。增设附加药箱后，应考虑整机载荷问题。

药箱内部应安装射流搅拌装置，确保箱内药液均匀；加药口应分离，如两个药箱间隔距离较近，应在加药口处增设防溅隔离挡板，并在加药口与药箱连接处增设导流槽，避免加药过程中药液飞溅、混液。

2. 液泵和药液管路改造

两套系统的液泵应分设，液泵应采用驱动发动机提供动力，提升行驶速度与施药量的同步性，不能采用加装独立动力系统或使用电动机驱动等方式。液泵应具备调压、稳压功能，避免喷雾不均匀；应具备清洗功能，避免上次作业药液残留造成药害。

液泵改造后，喷雾系统应实现各自独立控制，可分别控制药液管路压力和流量，实现大豆带和玉米带不同施药量一体化作业。

药液管路应分设，采用不同颜色区分，并固定在机具喷杆上；管路接头应使用快接头配件连接，不能采用铁丝、绑带等方式，提高药液管路接头处密封性，避免高压条件下滴漏药液。

3.隔离防护装置改造

不同作物种植带间和喷杆喷雾机两端应加装隔离防护装置，避免药液飘移，造成药害，可使用轻质塑料板或防水布帘等机构或装置。应统筹考虑作业时行驶路线，隔离防护装置应设置在大豆、玉米带间，具体位置根据大豆、玉米植株生长情况确定，以提高机具通过性。隔离防护装置宜具备可移动、可升降功能。如喷杆宽度与种植带宽度不匹配，两端喷杆可空置，即作业幅宽可小于喷杆宽度。

隔离防护装置应垂直于地面并与机具行驶方向平行，宽度不小于50 cm，高度应基本覆盖喷杆至地面，隔离防护装置底端与地面距离不应大于10 cm。隔离防护装置一般采用左右两侧安装方式，如需在风速超过5 m/s（相当于3级风）时喷施除草剂，应采用左、右、后三侧安装方式，后侧隔离防护装置安装时应考虑作物植株高度及形状。

4.喷头体改造

两套系统的喷头体应分设，应采用同种型号的喷头体，并配有稳压阀；喷头体应选择3喷头旋转式，配备适用大、中、小不同喷液量的喷头，并可实现快速更换喷头帽；宜配置防风喷头，减少药液雾滴飘移，避免造成药害。选择喷嘴型号时，应考虑药剂种类、性状、喷液量、作物不同生长期和湿度、温度、风力等气象条件。

喷头间距应根据喷嘴的喷雾角度确定，如80型喷头的间距为40 cm，110型和120型喷头的间距为50 cm；种植带宽度与喷头间距不匹配时，可在两侧位置设置侧喷头（半幅喷头间距）；如仍不能匹配，可采取小幅（不超过半幅喷头间距）重喷方式多设置喷头。靠近隔离防护装置的喷头宜配置边行喷头，空间距离应略大于喷幅，避免大量药液雾滴喷施在隔离防护装置上，造成药液浪费。

5.其他改造

中后期施药时，大豆、玉米植株高度差异较大，且玉米植株高大，应采用喷杆连接吊喷杆方式。

四、谷物联合收获机改造

目前，谷物联合收割机保有量较大，一般用于小麦、水稻等作物收获，通过割台、滚筒、清选等部件调整改造，可实现大豆收获。

（一）适宜调整改造机具的选择

大豆先收时，应选择窄幅谷物联合收割机，整机宽度应至少小于玉米带间距离20 cm以上，防止收获作业时，夹带玉米植株，造成损失；玉米先收，大豆后收时，不存在玉米植株影响作业问题，可根据现有机具情况选择适宜的谷物联合收获机。

（二）调整改造实现大豆收获

1. 割台调整改造

宜选配割幅匹配的大豆收获专用挠性割台，适应不同地形作业，降低收获损失率。应降低拨禾轮旋转线速度，与收获作业行驶速度相匹配，减少拨禾轮和弹齿对大豆禾棵的击打；根据机型不同，可采用调整拨禾轮无级变速手柄方式，也可采用在拨禾轮主动皮带轮上增加垫片方式。应将拨禾轮弹齿更换为尼龙弹齿，降低拨禾轮弹齿对豆荚的梳刷打击强度，减少割台损失。

2. 滚筒调整改造

为降低大豆脱粒时破碎率，应降低脱粒滚筒转速，线速度一般为17～19 m/s；根据机型不同，优先采用调整档位方式，如不具备该功能可采用更换不同直径皮带轮方式。应减少滚筒脱粒齿杆数量，如由原六根齿杆减少到三根齿杆，可有效减少大豆滚筒破碎。应将升运器结构改造为斗式。

3. 清选系统调整改造

应改造复脱器实现复脱时大豆籽粒的完整；叶轮复脱器，可采用拆除复脱器涡壳搓板方式；定盘、旋转搓盘复脱器，应拆下定盘和旋转搓盘，在杂余搅龙内侧加装隔套，将定盘和旋转搓盘更换为传统的叶轮复脱器，并在叶轮外侧加装隔套，拆下复脱器涡壳上的搓板。应调整改造网筛适应大豆收获，优先采用钢板冲孔筛；如采用鱼鳞筛，应调大筛片开度至适宜位置；如有必要，可在清选筛顶部增铺编织网筛，降低大豆收获含杂率。应增大凹板间隙至3 cm，如最大凹板间隙不足3 cm，应调整至最大凹板间隙。应调整清选风量，满足大豆清选要求；优先采用调整进风口挡板方式，如有必要再采用改变风机转速方式。

五、注意事项

受改造材质、加工条件、操作水平限制，调整改造机具与标准化的工业产品不同，个体之间可能存在较大差异，应将调整改造机具试验验证作为必要条件。调整改造后，应逐一检查核对调整改造部位，确保调整改造状态到位；启动前，应开展整车检查，确认各部件安全技术状态良好；启动后，应及时观察作业状态，一旦发现卡顿、异响、漏液，第一时间关闭发动机，停车检查，避免发生人身伤害和财产损失；试作业时，应适时查验作业质量、调整机具参数，确保作业质量达标；小范围试作业成功后再开展大面积作业。

八、大豆玉米带状复合种植配套机具补贴产品名录

在适宜地区大力推广大豆玉米带状复合种植，实现玉米基本不减产、增收一季大豆，是推动大豆玉米兼容发展、协调发展乃至相向发展的主要途径，对提升国家粮油综合生产能力意义重大。农机装备是大面积推广复合种植技术的重要保障和支撑。

为贯彻落实《农业农村部办公厅关于落实落细大豆玉米带状复合种植配套农机装备保障工作的通知》的有关要求，中国农业机械流通协会对当前各省发布的拟进入补贴目录的机具公示信息进行了整理、补充、完善，完成了《各省大豆玉米带状复合种植配套机具补贴产品名录（公示稿第一批）》，内有企业名称、机具名称及型号、联系人、联系电话等信息。目前，已有14个省份公布，44家企业的产品入选。

为保障复合种植配套农机装备市场的供需匹配、价格稳定、流通高效，特向社会公布，鼓励提前沟通、尽早对接，以确保生产企业"有序排产"、流通企业"有机可售"、用户群体"有机可用"。2022年3月4日，中国农业机械流通协会下发关于公布《各省大豆玉米带状复合种植配套机具补贴产品名录（公示稿第一批）》的通知。

九、落实2022年全面推进乡村振兴重点工作部署的实施意见

2022年1月14日，农业农村部发布《关于落实党中央国务院2022年全面推进乡村振兴重点工作部署的实施意见》（农发〔2022〕1号），指出要攻坚克难扩种大豆和油料。启动大豆和油料产能提升工程。大力推广大豆玉米带状复合种植。加大

耕地轮作补贴和产油大县奖励力度，支持在西北、黄淮海、西南和长江中下游地区推广大豆玉米带状复合种植。加强大豆良种调剂调配，强化农机装备改装配套和研发攻关，开展技术指导培训，落实关键技术措施。积极恢复东北大豆面积。合理确定玉米大豆生产者补贴标准，扩大粮豆轮作规模，引导农民扩种大豆。推进地下水超采区、低质低效和井灌稻区"水改旱、稻改豆"，在黑龙江第四、第五积温带等区域实施玉米改大豆。全力抓好油料生产。在长江流域开发利用冬闲田扩种油菜，因地制宜推广稻油、稻稻油种植模式，促进优质、宜机化、短生育期油菜品种应用。在黄淮海和北方农牧交错带发展玉米花生轮作，因地制宜扩大花生面积。拓宽食用植物油来源，挖掘米糠油、玉米胚芽油等生产潜力。

十、做好新型农业经营主体和社会化服务组织扩种大豆油料专项工作

为切实把千方百计扩种大豆油料任务落到主体、落到地块，开展好新型农业经营主体和社会化服务组织扩种大豆油料专项工作，2022年2月22日，农业农村部办公厅下发《关于做好新型农业经营主体和社会化服务组织扩种大豆油料专项工作的通知》（农办经〔2022〕1号）。

关于做好新型农业经营主体和社会化服务组织扩种大豆油料专项工作的通知

河北、山西、内蒙古、辽宁、吉林、黑龙江、江苏、安徽、山东、河南、湖南、广西、重庆、四川、贵州、云南、陕西、甘肃、宁夏等省（自治区、直辖市）农业农村（农牧）厅（委）：

为深入贯彻习近平总书记重要指示精神，全面落实中央农村工作会议、全国农业农村厅局长会议关于扩大大豆和油料生产的决策部署，切实把千方百计扩种大豆油料任务落到主体、落到地块，现就开展新型农业经营主体和社会化服务组织扩种大豆油料专项工作通知如下。

一、总体要求

在稳定粮食生产的前提下，统筹粮食和油料发展，引导家庭农场、农民合作社等新型农业经营主体因地制宜扩大大豆油料生产，开展大豆玉米带状复合

种植，提高大豆油料产能，支持社会化服务组织提供低成本便利化服务，为大豆油料扩种提供坚实的主体支撑和服务保障。

二、主要任务

（一）遴选重点主体

各省份要择优遴选一批种植规模大、技术装备适宜、带动能力强的农民合作社、家庭农场和社会化服务组织作为重点主体，鼓励其积极承担大豆油料扩种任务，引导技术、人才、资金、装备等要素向重点主体集聚，提升其大豆油料产出能力和品质水平。加强新型农业经营主体辅导员队伍建设，鼓励将大豆油料产业专家、农技推广骨干、配套农机具改装研发人员等纳入辅导员队伍，对承接大豆油料扩种任务的重点主体实现辅导员服务全覆盖。引导大豆油料加工收储、农机装备制造等企业和社会力量参与共建新型农业经营主体服务中心和农业生产托管服务中心，提供运营指导、交流培训、技术推广、组织托管等公共服务，加快推动粮油类新型农业经营主体内强素质、外强能力。

（二）强化政策支持

东北四省区要将农业生产社会化服务任务优先向承担扩种大豆任务的县（市、区）安排。16个大豆玉米带状复合种植省份要结合相关项目实施，统筹对承担任务的县（市、区）给予支持。

（三）开展专题培训

利用"耕耘者"振兴计划，每省份安排一期新型农业经营主体负责人现场培训班。各省份要做好组织工作，选好现场，搞好培训，提高扩种大豆油料支持政策知晓度和关键技术普及率。

（四）推进社企对接

加强同中化、中邮等企业合作，在大豆油料扩种地区确定一批社企对接推进重点县，聚焦农民合作社、家庭农场发展大豆油料生产共性需求，通过整合社会资源、搭建公共平台，在技术集成应用、生产资料供应、耕种收、统防统治、产后加工储藏、产品市场营销等方面提供服务。

（五）推广服务模式

在东北四省区，总结推广一批扩种大豆的成熟服务模式。针对大豆玉米带状复合种植省份，分西南、西北、黄淮海和长江中下游4个片区总结推广一批有效服务模式。

（六）强化示范带动

鼓励大豆油料扩种地区深入开展农民合作社示范社、示范家庭农场创建，培育一批专业化社会化服务组织，对积极从事大豆油料扩种的农民合作社、家庭农场和社会化服务组织予以名额倾斜。开展第五批国家示范社评定，单列大豆油料扩种示范社名额。各地要通过线上线下专题讲座、交流研讨等方式，组织先期开展大豆玉米带状复合种植的新型农业经营主体和服务组织介绍技术模式、交流经验成效，及时宣讲大豆油料扩种支持政策，最大限度地调动种植积极性。遴选全国农民合作社、家庭农场和社会化服务典型范例，总结推广新型农业经营主体和社会化服务组织促进大豆油料产能提升的经验做法，树立一批运行规范、稳粮扩油的先进典型。

三、保障措施

（一）加强工作部署

各级农业农村部门要切实履行指导服务新型农业经营主体和社会化服务组织的职能，紧扣大豆油料扩种目标任务，细化工作举措，确保专家指导、农技服务、政策支持落到实处。

（二）加强情况调度

各省级农业农村部门要通过大豆油料扩种任务落实进度调度和苗情长势调度工作，及时了解新型农业经营主体和社会化服务组织遇到的新情况、新问题，采取有效措施切实帮助解决。要加强农业生产社会化服务项目的指导、管理和监督，确保发挥政策的激励作用。

（三）加强宣传推广

各地要及时总结梳理新型农业经营主体和社会化服务组织带动农户开展大豆油料生产的好模式好经验，充分利用广播、电视、网络等媒体，通过现场观摩、研讨交流、典型案例等方式进行宣传推广，营造良好氛围。认真总结本地新型农业经营主体和社会化服务组织扩种大豆油料的进展成效，及时报送有关情况。

十一、"十四五"全国种植业发展规划

2021年12月29日，农业农村部印发《"十四五"全国种植业发展规划》（农农发〔2021〕11号），再次提出，到2025年，推广大豆玉米带状复合种植面积5 000万亩（折合大豆种植面积2 500万亩），扩大轮作规模，开发盐碱地种大豆，力争大豆播种面积达到1.6亿亩左右，产量达到2 300万t左右，推动提升大豆自给率。

十二、大豆玉米带状复合种植技术专项培训行动

2022年2月14日，在山东省德州市举办的2022年文化科技卫生"三下乡"集中示范暨冬小麦"科技壮苗"和大豆玉米带状复合种植技术服务活动现场，农业农村部科技教育司宣布正式启动"大豆玉米带状复合种植技术"专项培训行动。

为千方百计稳定粮食生产，攻坚克难扩种大豆油料，推动西北、黄淮海、西南和长江中下游等地区推广大豆玉米带状复合种植，加快新模式新技术应用，有力支撑大豆油料生产，农业农村部科技教育司决定调动国家现代农业产业技术体系、基层农业技术推广体系和农民教育培训体系等方面力量，于2022年启动实施"大豆玉米带状复合种植技术"专项培训行动，多层次、多渠道、多形式开展技术培训和跟踪服务，为实现玉米不减产、增收一季大豆的目标提供强有力的人才保障和科技支撑。

根据工作安排，"大豆玉米带状复合种植技术"专项培训行动分为两个阶段。第一阶段是开展农闲时期集中培训。组织国家和省级产业技术体系、基层农技推广体系、涉农院校、农广校积极投身专项培训行动。根据疫情防控和各省实际情况，以线上线下相结合的形式，面向涉农企业、农民专业合作社、家庭农场和种植大户开展农闲时期培训。目前，农业农村部科技教育司已经联合全国农技推广服务中心、四川农业大学等单位，组织专家录制完成了技术培训课程和短视频，编制了技术指导手册，在全国农业科教云平台"云上智农"App上开设了"大豆玉米带状复合种植"专栏，上传培训课件和技术指导方案，供大家免费使用。目前，视频学习超过110万人次，图文指导80万人次。第二阶段是组织全年常态化培训。依托农技推广体系改革建设补助项目，对各级农技推广人员开展全员培训。依托高素质农民培育计划，对新型经营主体和种粮大户按农时季节分段开展培训。动员专家和农技推广人员深入生产一线，开展生产全过程技术指导和普及。

活动同期还举办了大豆玉米带状复合种植技术培训班，来自西北、黄淮海、西南和长江中下游地区15个省（区、市）农技推广部门技术骨干和省级产业技术体系专家共同参训。

十三、全国大豆高产竞赛

2022年3月12日，农业农村部在全国范围内发起大豆高产竞赛，推动打造一批高产百亩方千亩片、推介一批新品种、集成一批高产新技术新模式、挖掘一批种植能手和高产典型，力争将专家产量转化为农户产量、典型产量转化为大田产量，辐射带动全国大面积均衡增产。

目前我国大豆平均亩产仅为世界平均水平的70%，比美国等主产国低100 kg左右。近年来，我国大豆小面积攻关亩产突破330 kg，涌现出一批高产典型。从国内国外看，我国大豆单产提升潜力较大，是今后提高我国大豆产能的重要途径。

本次竞赛以创高产为核心目标，以百亩方为基本单元，鼓励种植大户、基层农技人员、乡贤人士及家庭农场、农民合作社、农业企业、科研院所、农业院校、行业协会等各类主体自主自愿参与，亩产目标要求东北和西北地区净作春大豆不低于230 kg、水肥一体化种植模式不低于350 kg，黄淮海净作夏大豆不低于270 kg、长江中下游和西南地区不低于250 kg；承担带状复合种植的省份，大豆带状间作不低于120 kg、带状套作大豆不低于140 kg，玉米不低于当地平均水平，力争涌现出一批大豆高产典型，为大面积推广奠定基础。

第三节　各省技术指导意见

一、山东省

2022年3月7日，山东省农业农村厅印发《2022年全省大豆玉米带状复合种植项目实施方案》（鲁农种植字〔2022〕8号）。

2022年山东省大豆玉米带状复合种植技术指导意见

大豆玉米带状复合种植，是在传统间作基础上创新发展而来的绿色高效种植模式。该模式充分发挥高位作物玉米的边行优势，扩大低位作物大豆的受光空间，大豆带和玉米带年际间地内可实行轮作，适合机播、机管、机收等机械化作业，同一地块大豆玉米和谐共生、一季双收，实现稳玉米、增大豆的生产目标。为在全省大面积推行大豆玉米带状复合种植模式，切实提高关键技术到位率，充分发挥好该技术的增产增效优势，特制定本指导意见。

一、选配适宜品种

选配适宜的作物品种是该技术核心内容之一。大豆要选用耐阴抗倒、株型收敛、宜机收的有限结荚类型的中早熟高产品种。玉米要选用株型紧凑、抗倒抗病、中矮秆适宜密植和机械化收获的高产品种。

二、选用适合模式

大豆玉米带状复合种植的核心是扩间增光、缩株保密，可选用4∶2、4∶3、6∶3等模式。由于复合种植技术是第一年在我省大面积推广，配套作业机械相对不足，应结合当地生产实际和现有农机条件，科学选择适宜种植模式。

（一）4∶2模式。实行4行大豆带与2行玉米带复合种植。带宽290 cm，其中，大豆行距40 cm、株距10 cm，亩播种9 200粒以上；玉米行距40 cm、株距10 cm，亩播种4 600粒以上。大豆带与玉米带间距65 cm。

（二）4∶3模式。实行4行大豆带与3行玉米带复合种植。带宽350 cm，其中，大豆行距40 cm、株距10 cm，亩播种7 600粒以上；玉米行距50 cm、边行株距12 cm、中间行株距15 cm，亩播种4 400粒以上。大豆带与玉米带间距65 cm。

（三）6∶3模式。实行6行大豆带与3行玉米带复合种植。带宽455 cm，其中，大豆行距45 cm、株距10 cm，亩播种8 800粒以上；玉米行距50 cm、边行株距12 cm、中间行株距15 cm，亩播种3 400粒以上。大豆带与玉米带间距65 cm。

三、提高播种质量

播种质量是大豆玉米带状复合种植能否实现增产增效的基础。各地在播种前要充分做好农机、种子、化肥、农药等物资准备，播种要严格按照所选模式的技术要求规范播种，切实提高播种质量。

（一）农机选择。4∶2模式可用专用农机实施种肥同播，4∶3、6∶3模式可利用现有大豆和玉米播种机械，按照所选择模式的带宽、行距、株距等技术要求分别进行播种作业，努力提高播种质量。

（二）种子处理。防治地下害虫和苗期病害最有效的方法是进行大豆、玉米种子包衣。每100 kg大豆种用62.5 g/L咯菌腈·精甲霜灵悬浮种衣剂300～400 mL进行种子包衣；每100 kg玉米种用29%噻虫·咯·霜灵悬浮种衣剂470～560 mL进行种子包衣。

（三）适期播种。大豆玉米带状复合种植适宜播期为6月10—25日，小麦收获后若墒情适宜，应立即抢墒播种。采取单粒精播，播深3～5 cm。播种前，可先进行灭茬，再旋耕一遍，或选用带灭茬功能的播种机进行大豆、玉米灭茬播种。若墒情较差，要先造墒再播种。有条件的地方可在大豆、玉米播种后进行滴灌、喷灌，促早出苗、出全苗、成壮苗。

（四）种肥同播。不同模式下大豆、玉米的施肥量存在差异。大豆一般施用专用肥（N：P：K＝12：18：15）10～20 kg/亩，对前茬小麦单产达到600 kg/亩以上的地块，大豆可以不施肥，仅在鼓粒期叶面喷施磷酸二氢钾。玉米一般施用氮磷钾控释肥（N：P：K＝28：6：10，控N≥8%）40～50 kg/亩。

（五）规范播种。机械播种时要匀速直线前进，建议机械式排种器行进速度不高于5 km/h，气力式排种器不高于8 km/h。当种子和肥料剩余不足时应及时添加。注意地头转弯时要将播种机提升，防止开沟器扭曲变形；播种时严禁拖拉机急转弯或不提升开沟器倒退，避免损坏播种机。

四、科学田间管理

播种后，要及时开展田间管理，科学防治病虫草害，合理进行化控，努力提高大豆、玉米单产水平。

（一）化学除草

化学除草最好在播后苗前进行，每亩可用960 g/L精异丙甲草胺乳油50～85 mL，或330 g/L二甲戊灵乳油150 mL，兑水30～45 kg，表土喷雾封闭除草。苗前除草效果不好的地块，根据当地草情，在大豆、玉米苗后早期，即大豆2～3片复叶期、玉米3～5叶期，选择大豆、玉米专用除草剂实施茎叶定向除草。大豆每亩用15%精喹·氟磺胺微乳剂（精喹禾灵5%＋氟磺胺草醚10%）100～120 g，兑水30～45 kg；玉米每亩用27%烟·硝·莠可分散油悬浮剂（烟嘧磺隆2%＋硝磺草酮5%＋莠去津20%）150～200 g，兑水30～45 kg。苗后除草要在喷雾装置上加装物理隔帘，将大豆、玉米隔开施药，严防药害。施药要在早晚气温较低、没有露水、无风的天气条件下进行，药剂喷施要均匀，提高防效。后期对于难防杂草可人工拔除。在选择茎叶处理除草剂时，要注意选用对临近作物和下茬作物安全性高的除草剂品种。

（二）病虫害防治

大豆玉米带状复合种植与单作玉米、单作大豆相比，各主要病害的发生率均降低。要坚持"预防为主、综合防治"的方针进行统防统治。一是防治点蜂缘蝽。在大豆初荚期，每亩用25%噻虫嗪水分散粒剂5克+5%高效氯氟氰菊酯15 g，或22%噻虫·高氯氟微囊悬浮剂（噻虫嗪12.6%+高效氯氟氰菊酯9.4%）4～6 g，7～10 d喷雾防治1次，视虫情防治1～2次。早晨或傍晚害虫活动较迟钝，防治效果好。二是防治甜菜夜蛾、斜纹夜蛾、豆荚螟、食心虫、棉铃虫、玉米螟、桃蛀螟、黏虫。发生初期，用甲氨基阿维菌素苯甲酸盐+茚虫威，或甲氨基阿维菌素苯甲酸盐与虱螨脲、虫螨腈、氟铃脲、虫酰肼等复配杀虫剂，配合高效氯氰菊酯、有机硅助剂等开展防治。三是防治玉米锈病。在发病前或初期，用15%三唑酮可湿性粉剂500倍液、25%吡唑醚菌酯可湿性粉剂800倍液，25%嘧菌酯悬浮剂800倍液，10 d喷1次，连续防治2～3次。

（三）适期化控调节

大豆玉米带状复合种植模式下，玉米边际效应增强，但单位面积群体较大，存在倒伏减产和影响大豆生长的风险。若大豆长势过旺，每亩用10%多效唑·甲哌鎓可湿性粉剂（多效唑2.5%+甲哌鎓7.5%）65～80 g在大豆开花前兑水喷雾；玉米可在7～10叶期用250 g/L甲哌鎓水剂300～500倍液全株均匀喷雾，适度控制株高，增强抗倒能力，改善群体结构。控旺调节剂不得重喷、漏喷和随意加大药量，过了适宜施药期也不得喷施。如喷后6 h内遇雨，可在雨后酌情减量重喷。大豆结荚鼓粒期应避免喷施植物生长调节剂。

五、做好防灾减灾

大豆、玉米生长期是干旱、洪涝、风雹等极端天气高发期，应加强灾害天气监测预警，科学应对气象灾害，最大限度地减少灾害损失。

（一）干旱

大豆苗期适当干旱有利于根系下扎，可起到蹲苗效果，但如果叶片失水较重则应及时浇水。7月底8月初，如遇旱应及时灌溉，防止大豆落花不结荚、玉米卡脖旱。

（二）大风

大豆、玉米生长后期，遇到大风天气出现倒伏时，可喷施叶面肥，防治病虫害，延长叶片功能期，提高粒重。

（三）渍涝

大豆、玉米生长期间降水较多，要提前疏通沟渠提高排涝能力，如遇强降水形成田间渍涝，应及时排水。受涝地块容易造成土壤养分流失，排涝后应及时在大豆带和玉米带之间追复合肥（N：P：K=15：15：15）10 kg，或适当喷施叶面肥，减少对产量的影响。

六、合理机械收获

根据大豆、玉米成熟顺序和种植模式，合理调配机械，适期收获。

（一）先收玉米后收大豆

玉米在完熟期收获。4：2模式应选择整机宽度小于等于1.6 m的2行自走式玉米联合收获机，4：3、6：3模式应选择整机宽度小于2.1 m的3行自走式玉米联合收获机。

（二）先收大豆后收玉米

大豆叶片全部落净，摇动有响声时收获。4：2、4：3模式应选择割台宽度大于1.4 m的自走式大豆联合收获机，6：3模式选择割台宽度大于2.45 m的自走式大豆联合收获机。

（三）大豆玉米同时收获

大豆、玉米同时成熟，可用现有大豆和玉米联合收获机前后同时分别收获。

二、河南省

2022年3月1日，河南省农业农村厅发布《大豆玉米带状复合种植技术指导意见》。

2022年河南省大豆玉米带状复合种植技术指导意见

大豆玉米带状复合种植是在传统间作套种的基础上创新发展而来的适合机械化生产的一田双收种植模式。该模式能充分发挥玉米的边行效应和大豆的固氮养地作用，在玉米基本不减产的基础上实现大豆增收。为做好我省大豆玉米带状复合种植示范，省农业农村厅组织专家调查研究，结合我省生产实际，制定如下技术意见。

一、技术模式

适宜我省的带状结构为大豆4～6行、玉米2～4行，可保证每亩大豆有效株数不低于所用品种单作适宜密度的70%，玉米有效株数与清种相当，一般为4 000～5 000株。

各地可参考以下9种模式，根据实际生产条件和机具配套情况确定合理带状结构，推荐选用4∶2、4∶4、6∶4三种模式。

（一）大豆4～6行，玉米2行模式

1.4∶2模式

一个生产单元4行大豆，2行玉米。大豆窄行行距0.35 m，玉米大豆间距0.7 m，玉米窄行0.4 m，一个生产单元宽度2.85 m，玉米平均行距1.43 m，大豆平均行距0.71 m，按照亩播种玉米4 500粒、大豆8 000粒计算，玉米粒距0.1 m，大豆粒距0.12 m。

2.5∶2模式

一个生产单元5行大豆，2行玉米。大豆窄行行距0.35 m，玉米大豆间距0.7 m，玉米窄行0.4 m，一个生产单元宽度3.2 m，玉米平均行距1.6 m，大豆平均行距0.64 m，按照亩播种玉米4 500粒、大豆8 000粒计算，玉米粒距0.09 m，大豆粒距0.13 m。

3.6∶2模式

一个生产单元6行大豆，2行玉米。大豆窄行行距0.35 m，玉米大豆间距0.7 m，玉米窄行0.4 m，一个生产单元宽度3.55 m，玉米平均行距1.78 m，大豆平均行距0.59 m，按照亩播种玉米4 500粒、大豆8 000粒计算，玉米粒距

0.08 m，大豆粒距0.14 m。

（二）大豆4～6行，玉米3行模式

1.4∶3模式

一个生产单元大豆4行，玉米3行。大豆窄行行距0.35 m，玉米大豆间距0.7 m，玉米窄行等距0.6 m，一个生产单元宽度3.65 m，玉米平均行距1.22 m，大豆平均行距0.91 m，按照亩播种玉米4 500粒、大豆8 000粒计算，玉米粒距0.12 m，大豆粒距0.09 m。

2.5∶3模式

一个生产单元大豆5行，玉米3行。大豆窄行行距0.35 m，玉米大豆间距0.7 m，玉米窄行等距0.6 m，一个生产单元宽度4 m，玉米平均行距1.33 m，大豆平均行距0.8 m，按照亩播种玉米4 500粒、大豆8 000粒计算，玉米粒距0.11 m，大豆粒距0.1 m。

3.6∶3模式

一个生产单元大豆6行，玉米3行。大豆窄行行距0.35 m，玉米大豆间距0.7 m，玉米窄行等距0.6 m，一个生产单元宽度4.35 m，玉米平均行距1.45 m，大豆平均行距0.73 m，按照亩播种玉米4 500粒、大豆8 000粒计算，玉米粒距0.1 m，大豆粒距0.11 m。

（三）大豆4～6行，玉米4行模式

1.4∶4模式

一个生产单元大豆4行，玉米4行。大豆窄行行距0.35 m，玉米大豆间距0.7 m，4行玉米实行等距0.6 m，一个生产单元宽度4.25 m，玉米平均行距1.06 m，大豆平均行距1.06 m，按照亩播种玉米4 500粒、大豆8 000粒计算，玉米粒距0.14 m，大豆粒距0.08 m。

2.5∶4模式

一个生产单元大豆5行，玉米4行。大豆窄行行距0.35 m，玉米大豆间距0.7 m，4行玉米实行等距0.6 m，一个生产单元宽度4.6 m，玉米平均行距1.15 m，大豆平均行距0.92 m，按照亩播种玉米4 500粒、大豆8 000粒计算，玉米粒距0.13 m，大豆粒距0.09 m。

3.6：4模式

一个生产单元大豆6行，玉米4行。大豆窄行行距0.35 m，玉米大豆间距0.7 m，4行玉米实行等距0.6 m，一个生产单元宽度4.95 m，玉米平均行距1.24 m，大豆平均行距0.83 m，按照亩播种玉米4 500粒、大豆8 000粒计算，玉米粒距0.12 m，大豆粒距0.1 m。

二、技术措施

（一）播前准备

1.品种选择

根据当地生态条件，大豆选用耐阴、抗倒、底荚高度适中的中早熟高产宜机收品种，如'郑1307''中黄301''齐黄34''郑1440''周豆25'等；玉米选用株型紧凑、中矮秆（株高≤280 cm）、耐密植、抗倒、生育期适中的高产宜机收品种，如'郑单958''豫单9953''德单5号''郑单1002''伟科702'等。

2.种子处理

玉米和大豆种子选用高效、低毒的杀虫杀菌药剂进行拌种或包衣，或选用包衣种子，以防治苗期病虫害和地下害虫。

玉米防治苗枯病、茎腐病、黑穗病可用4.23%甲霜·种菌唑微乳剂等拌种或包衣；防治灰飞虱、蚜虫、蓟马可用70%噻虫嗪水分散剂等拌种或包衣；防治蚜虫、茎腐病可用10%噻虫·咯·霜灵悬浮剂等拌种或包衣；防治地下害虫、苗枯病可用3.5%甲柳·三唑酮种衣剂等拌种或包衣。

大豆防治立枯病、根腐病可用2.5%咯菌腈悬浮种衣剂等拌种或包衣；防治胞囊线虫、根腐病可用20.5%多·福·甲维盐悬浮种衣剂等拌种或包衣；防治蚜虫、根腐病可用35%噻虫·福·萎锈悬浮种衣剂等拌种或包衣。

3.前茬处理

为提高播种质量和实施苗前封闭化学除草，小麦收获后应进行机械灭茬处理，灭茬时要尽量不扰动表层土壤。有条件的可将麦秸打捆移出田间。

（二）播种

1.播期

麦收后，应及时适墒播种，最迟不超过6月25日。播种时注意小麦收获后的水分管理，墒情较好地块（土壤相对含水量65%左右）可抢墒播种；土壤较干旱或较湿润时，根据天气预报等墒播种或结合滴灌适时播种；旱情较重时，应造墒播种，先漫灌表层土壤，再晾晒至适宜墒情（以3~5 d为宜）后播种，有条件的播后及时喷灌。

2.播种方式

根据不同行比配置模式，选用适宜的种肥—体化播种机进行种肥异位单粒播种。建议播种机加装秸秆处理装置，提高播种质量，提升出苗整齐度。优先推荐同机播种施肥—体化作业。异机播种的，也可通过更换播种盘、增减播种单体，实现玉米大豆播种用同一款机型。

3.作业速度

为保证高密度、小穴距情况下的播种质量，播种过程中要保证机具匀速直线前行，建议机械式排种器行进速度3~5 km/h，气力式排种器6~8 km/h。播种时提倡使用北斗导航自动驾驶系统，以提高作业精度及衔接行行距的均匀性，利于田间管理及收获作业，降低药害风险和机收损失。

4.播种深度

因单子叶植物、双子叶植物顶土能力不同，播种深度玉米稍深、大豆稍浅。一般玉米播深4~5 cm，大豆播深3~4 cm，要提前将玉米播种单体和大豆播种单体播种深度调整到位，以免影响出苗。

5.施肥

实施测土配方施肥，提高肥料利用效率。全生育期一次性施肥，大豆可适当减少氮肥使用量，尤其是前茬小麦后期追肥较多的地块。大豆亩施低氮配方肥或专用肥8 kg左右，玉米亩施配方肥或专用肥50 kg左右。质地偏轻的土壤可选用氮素缓释的配方肥或专用缓控释肥。玉米播种施肥应通过加大肥箱容量、增设排肥器和施肥管，提高排肥能力，增大单位面积施肥量，确保单株施肥量与单作相当。

（三）田间管理

1.化学除草

采用播后苗前封闭除草和苗后茎叶处理除草相结合的方式防除杂草，优先选用封闭除草，减轻苗后除草压力。

在播后苗前土壤墒情适宜的条件下，可用96%精异丙甲草胺乳油（金都尔）+80%唑嘧磺草胺水分散粒剂兑水喷雾，进行封闭除草。

苗前封闭除草效果不佳时，可在玉米3～5叶期、大豆2～3复叶期、杂草2～5叶期，选择玉米、大豆专用除草剂进行杂草茎叶定向施药。

玉米带可选用5%硝磺草酮+20%莠去津，大豆带可选用10%精喹禾灵乳油+25%氟磺胺草醚。

施药时采用分带式喷杆喷雾机同步或独立喷施，玉米大豆带间设置隔离装置，防止药液飘移造成药害。

2. 合理排灌

如遇强降水或持续降水，要及时疏通沟渠，迅速排出田间积水，降低土壤湿度，防范渍涝。在玉米拔节期、抽雄前后、灌浆中后期，大豆开花结荚期要保证水分充足供应，遇干旱应及时灌溉。

3. 科学化控

若玉米和大豆出现旺长趋势时，可在玉米7～10片展叶时喷施矮壮素、玉黄金等控制株高，提高抗倒能力；在大豆初花期，可选用5%烯效唑可湿性粉剂20～50 g/亩，兑水30～40 kg茎叶喷施，控制旺长。

控旺调节剂不得重喷、漏喷和随意加大药量，过了适宜施药期也不得喷施。如喷后6 h内遇雨，可在雨后酌情减量重喷。大豆结荚鼓粒期应避免喷施植物生长调节剂。

4. 治虫防病

加强虫情病情测报，尽可能采用农艺、物理、生物、化学综合防控措施进行治虫防病。

物理防治设备可利用智能LED集成波段杀虫灯和性诱器诱杀害虫，化学防治根据病虫害发生时期不同和已有植保机械，采用植保无人机统一飞防或定向分带植保机具独立喷施。

化学防治药剂可选用高效氯氰菊酯、氯虫苯甲酰胺、噻虫嗪、阿维菌素等杀虫剂和醚菌酯、丙环唑、戊唑醇等杀菌剂进行治虫防病。

5. 喷施叶面肥

结合病虫害防治，大豆可在开花初期和结荚初期叶面各喷施1次0.3%磷酸二氢钾+0.1%硼砂+0.05%～0.1%钼酸铵，可促进大豆开花结实，增加粒重，减少秕籽；在鼓粒初期叶面喷施0.3%磷酸二氢钾+1%尿素，增加粒重。

（四）收获

1．机械选型

根据地块大小、种植行距、作业要求选择适宜的收获机，并根据作业条件调整各项作业参数。玉米收获机应选择与玉米带行数和行距相匹配的割台配置，行距偏差不应超过5 cm，否则将增加落穗损失。大豆收获机一般采用谷物联合收获机适当调整即可。大面积作业前，应进行试收，及时查验收获作业质量、调整机具参数。

2．机械收获

玉米先成熟的，先收获地头玉米，方便机具掉头转弯，选用机具宽度小于大豆带间距离的玉米联合收割机，收获玉米籽粒或果穗；大豆成熟后，选用谷物联合收割机改装的大豆收获机或大豆专用收获机进行收获。

大豆先成熟的，先收获地头大豆，方便机具掉头转弯，选用机具宽度小于玉米带间距离的谷物联合收割机改装的大豆收获机或大豆专用收获机进行收获；玉米成熟后，使用当地主流玉米收获机收获玉米籽粒或果穗。

同时成熟的，可选用当地常用的收获机械一前一后同步收获。青贮收获要与当地养殖企业结合，在大豆鼓粒末期、玉米乳熟末至蜡熟中期利用现有青贮机械同时粉碎收获。

三、河北省

2022年1月31日，河北省农业农村厅正式发布《2022年大豆玉米带状复合种植实施方案》（以下简称《方案》）。《方案》提出，围绕保障国家粮食安全，扛稳粮食安全责任，在稳定净作大豆面积前提下，依托家庭农场、农民合作社和种植大户等新型经营主体，重点在玉米主产区推广大豆玉米带状复合种植模式，完成102万亩大豆玉米带状复合种植任务，实现大豆玉米协同高产，收益不减少，助力粮油生产提质增效。《方案》还以附件形式发布了机具保障、病虫草害防控、技术模式等配套技术方案。

2022年河北省大豆玉米带状复合种植实施方案

一、科学确定种植模式

按照农业农村部要求，我省组织专家研讨并结合生产实际，推荐适宜我省的大豆玉米带状复合种植模式为2行玉米：4行大豆、4行玉米：4行大豆、4行玉米：6行大豆3种种植模式，并制定了相应的品种、带宽、株距、田间管理收获的全程机械化等技术模式。

二、加强农资储备调运

《方案》提出，大豆玉米带状复合种植选用株型紧凑、边行优势明显、抗倒性强、适宜密植的玉米品种和耐荫、抗倒、耐密的直立型大豆品种，各地要摸清用种需求尤其是大豆种子储备及缺口，储备不足时及时启动种子调运采购工作，指导农户尽早备种，首选商品种，也可选择优质自留种，多种方式满足播种需求，确保不误农时。要根据当地土壤性质，做好玉米和大豆专用除草剂准备，针对种植特点和常年主要病虫草害发生状况，指导调配防治病虫草害农药，确保农资不断档。

三、完善农机具配套保障

《方案》提出，科学筛选配套适合农机，各地要根据带状复合种植任务面积和种植模式，科学测算播种、植保、收获等关键作业环节机具需求量，通过新购、改装等方式解决农机配套，最大程度实现技术轻简化和全程机械化。

进一步积极对接玉米和大豆产业技术体系专家，依托农机生产企业开展联合攻关，突破技术瓶颈，补齐专用机具短板。充分发挥高等学校、科研院所专家智库作用，依托河北农哈哈、任丘市双印、河北兴华等农机生产企业，开展大豆玉米带状复合种植专用播种机和喷杆喷雾机联合攻关，重点围绕作业速度低、根茬易堵塞、通过性能差、统防统治难等问题，突破高性能排种器、麦茬防堵、分层深施肥、茎叶定向除草等技术瓶颈，补齐专用机具短板。

四、做好病虫草害统防统治

将大豆玉米带状复合种植杂草防除和病虫害防治作为管理重点，根据大豆、玉米不同种植带杂草种类，指导做好除草剂选用、苗前封闭处理、苗后定向除草等工作，避免发生除草剂药害和对下茬作物残留危害，提高田间除草效率。针对苗期和中后期病虫害发生特点，按照"预防为主，综合防治"的植保方针，加强田间调查，采用农业措施、理化诱控、生态调控与化学防治多种方式做好病虫防治。推广绿色防控技术，在病虫害发生关键期，采取杀虫剂、杀菌剂等多种药剂相结合，对多种病虫害统一防治，达到一喷多防的目标。

五、开展种植技术培训

《方案》提出，建立完善粮食生产科技专员机制和处站、专家包联机制，迅速开展省市县多层次、多形式的技术大培训活动。积极筛选一批可复制、可推广、易操作、效益好的大豆玉米带状复合种植技术模式，针对不同种植模式，对种植技术、机械作业、施肥施药等关键环节进行面对面培训，重点对新购置、改造后的农机手进行培训，确保农户尽快掌握技术要领，科学规范种植管理，指导做好防灾减灾等全方位科技服务。

四、山西省

2022年3月1日，山西省农业农村厅印发《2022年山西省大豆玉米带状复合种植实施方案》，提出2022年山西实施大豆玉米带状复合种植82万亩，涉及11市48个县（市、区），北部春播早熟区重点在灵丘等13个县（市、区）实施；中部春播中晚熟区重点在兴县等18个县（市、区）实施；南部复播区重点在泽州等17个县（市、区）实施。

2022 年山西省大豆玉米带状复合种植技术指导意见

2022年全省将大面积推广大豆玉米带状复合种植技术，为提高关键技术到位率，发挥大豆玉米带状复合种植技术的增产增收优势，山西省农业技术推广服务中心组织山西农业大学有关专家和大豆、玉米主产区农技专家，根据我省不同生态区的自然气候和生产特点特制定《山西大豆玉米带状复合种植技术指导意见》。

一、适宜范围

本意见适用于我省大豆、玉米主产区。

二、选用良种

（一）大豆应选用耐阴抗倒、高荚位、宜机收的高产品种。

北部春播早熟区宜选用与'金豆一号''晋豆15号'等熟期相当的品种；

中部春播中晚熟区宜选用与'东豆一号''中黄13''晋豆25号''汾豆98''晋科5号''品豆24号'等熟期相当的品种；

南部复播区宜选用与'强峰一号''晋豆19号''晋豆25号''中黄13''品豆20'等熟期相当的品种。

（二）玉米应选用株型紧凑、耐密抗倒、抗旱性强、易于机收和偏晚熟的中高产品种。

北部春播早熟区宜选用与'君实618''瑞普686''瑞丰168'等熟期相当的品种；

中部春播中晚熟区宜选用与'大丰26''强盛370''龙生19号''潞玉1525'等熟期相当的品种；

南部复播区宜选用与'太玉369''大槐99''太育9号'等熟期相当的品种。

三、种植模式

各地根据生产实际和现有农机具，选择适宜当地的种植模式，在大豆3~4行和玉米2行间因地制宜自由组合搭配，重点通过扩带距、缩株距、保密度等农艺措施，争取做到大豆玉米协同高产。

大豆种植密度与当地种植密度相当。玉米的种植密度要根据当地的种植习惯与地力肥力等条件确定，基本上达到单作的每亩株数。地力肥力较高的地块大豆种植密度可适当减小，玉米种植密度可适当增大；地力肥力较差的地块大豆种植密度可适当增大，玉米种植密度可适当减小。大豆双粒穴播，玉米单粒穴播。

（一）北部春播早熟区

1. 玉米起垄地膜覆盖膜侧种植模式

每带宽2.4 m，其中：种2行玉米、3行大豆。玉米带行距40 cm，起垄覆膜、膜侧播种。玉米带与大豆带间距70 cm。大豆带行距30 cm，与下一带玉米间距70 cm。大豆穴（每穴2粒）距15～20 cm，亩留苗5 000～6 600株；玉米株距12～14 cm，亩留苗4 100株左右。

2. 玉米不覆膜种植模式

每带宽2.4 m，其中：种2行玉米、3行大豆。玉米带行距40 cm，玉米带与大豆带间距70 cm。大豆带行距30 cm，与下一带玉米间距70 cm。大豆穴（每穴2粒）距15～20 cm，亩留苗5 000～6 600株；玉米株距12～14 cm，亩留苗4 100株左右。

（二）中部春播中晚熟区

1. 大豆玉米3-2带状复合种植模式

每带宽2.4 m，其中种3行大豆、2行玉米。玉米带行距40 cm，玉米带与大豆带间距70 cm。大豆带行距30 cm，与下一带玉米间距70 cm。大豆穴（每穴2粒）距15～20 cm，亩留苗5 000～6 600株；玉米株距12～14 cm，亩留苗4 100株左右。

2. 大豆玉米4-2带状复合种植模式

每带宽2.5 m，其中种4行大豆、2行玉米。玉米带行距40 cm，玉米带与大豆带间距60 cm。大豆带行距30 cm，与下一带玉米间距60 cm。大豆穴（每穴2粒）距15～20 cm，亩留苗6 400～8 500株；玉米株距12～14 cm，亩留苗4 000株左右。

（三）南部复播区

大豆玉米4：2带状复合种植模式：每带宽2.5 m，其中种4行大豆、2行玉米。玉米带行距40 cm，玉米带与大豆带间距60 cm。大豆带行距30 cm，与下一带玉米间距60 cm。大豆穴（每穴2粒）距15～20 cm，亩留苗6 400～8 500株；玉米株距12～14 cm，亩留苗4 000株左右。

四、机械播种

在选好种植模式的基础上，可利用现有的农机具进行作业，也可在农机部门的指导下购置专用机具。

北部春播早熟区和中部春播中晚熟区：玉米需要覆膜播种时可选用2BYFSF2-（3）型鸭嘴式大豆玉米带状间作施肥播种机，或选用2～4行鸭嘴式玉米播种机和2～3行鸭嘴式大豆播种机一前一后组合播种。不覆膜时推荐采用探墒深沟播种。大豆播种时，优先选用大豆播种机，或兼用可调整至窄行距的玉米播种机，采用一穴双粒的播种方式。南部复播区：可选用2BYFSF-6型或2BMFJ-PBJZ6型大豆玉米带状间作施肥播种机实施。

播前严格按照株行距调试播种档位与施肥量（根据当地肥料含氮量折算来调整施肥量），对机手作业进行培训，确保株距和行距达到技术要求，地头应种植不少于5 m宽的大豆带。

五、适期播种

播种前如果土壤含水量低于60%，有条件的地方可采用浸灌、浇灌等方式造墒播种，也可播后滴喷灌；干旱半干旱地区覆膜播种或探墒深沟播种。北部春播早熟区和中部中晚熟区大豆玉米可于4月下旬至5月上旬同时播种；有滴灌条件的地块，播种时浅埋滴灌装置。南部复播区大豆玉米可同时播种，小麦收获后抢时抢墒播种；播种时注意小麦收获后的水分管理，墒情较好地块（土壤含水量60%～65%）可抢墒播种；土壤较干旱或较湿润时，根据天气预报等墒播种（6月25日以前）或结合滴灌装置实施播种。

六、施肥控旺

根据大豆玉米带状复合种植系统的需肥特性，坚持"减肥、协同、高效、环保"的原则，主要是减少氮肥使用量，保证钾肥使用量，减少大豆用氮量、保证玉米用氮量。

玉米按当地每亩单作施肥标准施肥，下肥量为单作的两倍左右，或施用等氮量的玉米专用复混肥或控释肥，播种时全部作底肥一次性施于玉米带间。对长势较弱的玉米利用简易式追肥器在玉米两侧追施尿素15～20 kg/亩。大豆不施氮肥或施低氮量大豆专用复混肥；播种前利用大豆种衣剂进行包衣。在氮肥使用过程中将玉米、大豆统筹考虑，在满足玉米需肥的同时兼顾大豆氮磷钾需要，实现一次施肥，玉米大豆共同享用。

根据土壤根瘤菌存活情况，对大豆进行根瘤菌接种或施用生物菌肥，增强大豆的结瘤固氮能力。大豆根据长势在分枝期（苗期较旺或预测后期雨水较多时）与初花期用5%的烯效唑可湿性粉剂25～50 g/亩，兑水40～50 kg喷施茎叶实施控旺。

七、病虫草害防治

依据大豆玉米对除草剂的选择性差异，苗前封闭除草；如需苗后除草，用玉米、大豆专用除草剂实施茎叶定向除草（带状间作应用物理隔帘将玉米大豆隔开施药，或采用分带高架喷杆喷雾机实施茎叶定向除草）。

根据大豆玉米带状复合种植病虫害发生特点，贯彻"预防为主、综合防治"的植保方针，加强田间调查，做好病虫监测，及时掌握病虫害发生动态，做到早发现、早防治。以豆荚螟、食心虫、蚜虫、根腐病、锈病、霜霉病等大豆病虫害和草地贪夜蛾、玉米螟、黏虫、玉米叶螨、蚜虫、玉米大（小）斑病、茎基腐病等玉米病虫害为防治重点，推广农业防治、生态调控、理化诱控、生物防治等绿色防控措施。在病虫害发生关键期，尤其是玉米大喇叭口期或大豆花荚期，采用广谱防菌剂、高效低毒杀虫杀菌剂，结合农药增效助剂，对多种病虫害统一防治，达到"一喷多防"效果。喷施除草剂，注意喷施方式，避免药剂飘移引起药害。科学施用杀虫杀菌剂，注意轮换用药。

八、收获

推荐采用先收大豆后收玉米的方式，选用的大豆收获机整机宽度不大于玉米带间距离，留茬高度应低于最低结荚高度。

五、江苏省

2022年3月6日，经中共江苏省委、江苏省人民政府同意，江苏省人民政府办公厅印发《2022年大豆玉米带状复合种植示范推广工作方案》，明确了目标要求、基本原则、关键技术和保障措施。今年江苏省共承担60万亩大豆玉米带状复合种植推广任务和20万亩大豆扩种任务。在中央财政对大豆玉米带状复合种植补贴基础上，省财政按不低于中央补贴标准予以支持。对百亩攻关方、千亩示范片予以一定奖补。对大豆玉米带状复合种植相关机具，纳入农机购置补贴政策支持范围。探索将带状复合种植列入完全成本和收入保险政策范围。各地要统筹用好省以上相关专项资金，加大对带状复合种植基础设施建设、技术试验示范、农民培训、专用机械购置、社会化服务、病虫害防控、绿色高质高效创建等支持力度。各地各有关单位层层分解落实，同时着力建设一批百亩攻关方、千亩示范片，以点带面示范种植，提高技术应用水平，推动带状复合种植技术熟化、本地化，促进大面积均衡发展，实现玉米基本不减产、增收一季豆的目标，为实现大豆产业振兴作出江苏贡献。

2022 年江苏省大豆玉米带状复合种植技术指导意见

一、品种选配

玉米品种要以籽粒玉米为主，合理搭配鲜食、青贮等品种，选用株型紧凑、熟期适中、抗病性强、适宜密植和宜机收的高产多抗品种。籽粒玉米可以选用'江玉877''苏玉42'等，鲜食玉米可以选用'苏科糯1505''苏玉糯11号'等，青贮和籽粒玉米可以选用'江玉898''苏玉29'等兼用型品种。

大豆品种宜选用耐阴、耐密、抗倒、早熟、抗病和宜机收的品种，粒用大豆可以选用'徐豆18''苏豆13'等，鲜食大豆可以选用'苏新6号''通豆6号''淮鲜豆6号'等品种。

二、种植模式

以2行玉米带与4行大豆带复合种植模式为主，鼓励各地开展4行玉米带与4行大豆带等不同复合种植模式的试验示范。

其中2行玉米带与4行大豆带复合种植模式关键技术参数如下：

根据土壤肥力适当缩小玉米、大豆株距，达到净作密度要求，实现玉米基本不减产、增收一季大豆要求。玉米株距11～12 cm，一般用种2 kg/亩，有效株数力争籽粒玉米达到4 000株/亩以上，鲜食玉米3 000株以上；粒用大豆和鲜食春大豆株距9～10 cm，一般用种4.5 kg/亩左右，有效株数力争达到10 000株/亩以上，鲜食夏大豆株距在12～14 cm，一般用种4 kg/亩左右，有效株数力争达到7 000株/亩。

三、适期播种

根据不同茬口、收获产品类型确定适宜播期，春玉米春大豆适当早播，避开花期与梅雨季碰头风险；夏玉米夏大豆适当晚播，避开花期高温和苗期芽涝，淮北夏大豆一般6月中或下旬播种，淮南夏大豆、鲜食夏大豆一般6月下旬播种；秋玉米秋大豆（鲜食）于8月10日前播种，防止后期低温导致灌浆提前终止。

四、精量机播

播种前对种子进行剔除病粒、虫粒、瘪粒和杂质处理，提高种子净度，同时进行晒种，提高种子发芽率。选用行株距满足农艺要求的大豆玉米带状复合种植施肥播种机，实现种肥同播，确保苗齐苗匀。

播前严格按照株行距配置调试机器播种档位与施肥量（根据当地目标亩产需肥量、亩推荐使用量、肥料含氮量折算等来调整施肥器刻度），对机手作业进行培训，确保株距和行距达到技术要求。播种深度玉米3～5 cm、大豆2～3 cm，根据播种深度调节好拖拉机悬挂液压以及播种机限深轮装置。

春播前要及时平整土地，夏秋播采用免耕播种。确保适墒播种，土壤干旱时要造墒播种。

五、病虫草害防控

（一）种子处理

采取玉米种子二次包衣，以防治地下害虫和土传病害；大豆种子推行拌种或包衣，抗病健苗防虫害。

（二）封定结合

播后苗前根据杂草种类选择除草剂封闭除草，播后遇田间干旱时喷施除草剂前要灌水。对苗前除草效果不好的田块，苗后根据田间草相特点，选择除草剂喷雾除草。苗后除草要防飘移，不宜使用植保无人机喷药。

（三）理化诱控

害虫成虫羽化期采用智能可控多波段LED杀虫灯进行诱杀，每20亩安装1台杀虫灯；用玉米螟、棉铃虫、斜纹夜蛾、草地贪夜蛾性诱捕器诱杀成虫、干扰交配，集中连片种植区亩用1～2个诱捕器；食诱剂诱杀成虫，降低成虫数量，减少落卵量。

（四）科学用药

对大豆叶斑病和锈病、玉米喇叭口期和穗期玉米螟、草地贪夜蛾、桃蛀螟、玉米小斑病、锈病等，采用广谱生防菌剂、农用抗生素、高效低毒杀虫杀菌剂，结合农药增效剂，采用植保无人机统一飞防，达到兼防多种病虫害的目标。

六、肥水管理

玉米施肥按本地净作目标亩产水平，在适量施用有机肥基础上，原则上鲜食玉米全生育期亩施纯氮10～12 kg，青贮和籽粒玉米全生育期亩施纯氮14～16 kg，实行分期调控。

基肥以氮磷钾配方肥或玉米专用缓控释肥为主，同时亩施硫酸锌1 kg。全生育期氮肥实行"一基两追"或"一基三追"模式，基肥配方肥氮素比例宜占30%～40%，追肥氮素比例宜占60%～70%。其中，中产田氮追肥分别在拔节期和大喇叭口期按4：6分两次施用；高产田氮追肥分别在拔节期、大喇叭口期、抽雄开花期按照3：5：2分3次施用。基肥应用缓控释肥实行"一基一追"模式，基追肥氮素运筹比例各占50%，穗肥宜在大喇叭口期施用。大豆在施用有机肥基础上，亩施10～15 kg过磷酸钙作种肥，高肥力田块要控制氮肥，亩施纯氮不超过2.0～2.5 kg，低肥力田块需少量施用氮肥，但亩施纯氮不宜超过5 kg；在分枝期至开花期可视长势追肥。

大豆结荚期推荐叶面追施大量元素水溶肥料或磷酸二氢钾2～3次。倡导使用大豆根瘤菌剂，特别是低地力田块，拌种阴干12 h内播下。

针对夏季降水量集中易涝渍、肥料易流失、台风易造成作物倒伏的特点，必须完善田间沟系，做到能灌能排，提高抗灾减灾能力。

七、促壮防倒

玉米在8～10叶期喷施矮壮素，增加茎粗，缩短节间，降低株高和穗位高度，促进根系发育，增强抗倒能力并减弱遮阴效果。注意"喷高不喷低、喷旺不喷弱、喷黑不喷黄"。大豆在分枝期（苗期较旺或预测后期雨水较多时）与初花期根据长势用5%的烯效唑可湿性粉剂25～50 g/亩，兑水40～50 kg喷施茎叶实施控旺。

八、适时收获

若先收获玉米，可选用2行自走式玉米联合收获机摘穗收获，待大豆成熟后选用相应幅宽的大豆联合收获机（也可采用全喂入稻麦联合收获机换装割台及脱粒滚筒）进行收获。若先收获大豆，选用整机宽度小于玉米带间距的大豆联合收获机（或换装割台及脱粒滚筒的全喂入稻麦联合收获机）收获大豆，再用摘穗型玉米收获机收获玉米。若玉米大豆同时收获，可采取上述玉米收获机和大豆收获机一前一后异机错位同时收获。若为混合青贮，则在大豆鼓粒期末（玉米乳熟末蜡熟初）用自走式青贮收获机同时收获青贮玉米与大豆，收集装箱后用打捆包膜一体机完成打捆包膜作业并堆放青贮，或直接压实密闭贮藏于青贮窖中。若为鲜食，则在鲜食玉米乳熟期（花后20～25 d，根据温度确定），苞叶颜色变浅时采收；鲜食大豆在鼓粒期，80%豆荚充实饱满、豆荚颜色由青绿转浅时采收。有条件的区域可用鲜食玉米/鲜食大豆专用收获机械进行机收。收获后及时秸秆旋耕还田，培肥地力。

六、四川省

2022年2月10日，四川省农业农村厅印发《2022年大豆玉米带状复合种植示范推广实施方案》（川农函〔2022〕81号），按照要求抓好落实。

2022年四川省大豆玉米带状复合种植示范推广实施方案

今年是实施"十四五"规划承上启下之年，也是乡村振兴全面展开关键之年，确保粮食和重要农副产品有效供给意义重大。为深入贯彻落实党中央、国务院和省委、省政府统筹玉米大豆兼容发展、粮食油料协调发展的决策部署，坚决把扩大大豆生产作为三农工作必须完成的重大政治任务，按照《农业农村部关于做好大豆油料扩种工作的指导意见》要求，实施好310万亩大豆玉米带状复合种植示范推广项目，抓好抓实各项工作，切实提高我省大豆产能和供给水平，确保国家大豆和油料产能提升工程开好局、起好步，制定本方案。

一、总体要求

以习近平新时代中国特色社会主义思想为指导，深入贯彻党的十九大、十九届历次全会和中央农村工作会议、全国农业农村厅局长会议及中央一号文件精神，按照确保谷物基本自给、口粮绝对安全的战略要求，以党中央、国务院关于扩大大豆生产的决策部署为主线，把大豆玉米带状复合种植示范推广工作放在突出位置，攻坚克难扩面积，千方百计提单产，推动大豆玉米兼容发展、协调发展，乃至相向发展，确保大豆扩面任务圆满完成。

二、实施范围

全省大豆玉米带状复合种植示范推广任务面积310万亩，涉及成都、自贡等18个市（州）的108个县（市、区）。

三、重点任务

中央财政将对实施大豆玉米带状复合种植给予一定补贴。各地要积极争取配套资金和政策支持，组织成立专家团队，聚焦关键环节扎实开展培训指导，切实提高农户种植效益，高质量完成中央下达我省的面积任务。

（一）选好技术模式

推荐大豆玉米带状复合种植比例，大豆2～4行，玉米2行。各地要立足自身实际，综合考虑土壤质地、气候环境、生产条件、产业发展等因素，充分尊重农民种植习惯和意愿，因地制宜挖掘示范推广潜力。重点通过品种适应性鉴定、株行距调整、农机具改进等方式，明确大豆玉米种植比例，筛选适宜技术模式。技术模式原则上要求为大豆玉米带状复合种植技术，有条件的地方要积极探索推广其他不与主粮争地的大豆扩面增产新模式。

（二）选对作物品种

开展大豆玉米带状复合种植示范推广，确保玉米基本不减产的同时增收一季大豆，选对品种是关键。各地要加强同科教研院所的交流合作和成果分享，突出抓好耐密、耐阴、宜机收大豆品种以及紧凑、半紧凑、耐密、抗倒玉米品种的筛选对比和试验示范，科学合理搭配大豆玉米品种，同时加大宣传推广力度，科学引导种植主体选对作物品种。

（三）注重农机配套

各地要根据自身耕作条件和采用的技术模式选择适宜农用机具，加强农机配套技术培训指导，积极组织农业机械社会化服务组织开展全程托管服务和跨区域作业，提高农机使用效率，降低耕、种、管、收关键环节人工成本投入。鼓励农机研发和生产企业进行农机对比试验，分区域、分类型、分模式开展农机配套设施研发改进和制造，逐步提高大豆生产机械化率。

（四）科学施肥用药

要牢固树立绿色发展理念，加强农资销售网点产品质量检测，开展"双减"高效技术模式集成示范，抓好农药肥料科学使用培训。肥料使用上做到少施氮肥、稳磷肥、保钾肥、增施有机肥；农药使用上要以安全、污染可控为基本原则，选用新型高效、低毒、低残留农药。有条件的地方要大力推广育秧伴侣、大豆拌种、有机肥替代化肥和生物防治、理化诱控、生态调控等高效生产技术，力争打造一批大豆玉米带状复合种植绿色高质量发展样板。

四、保障措施

（一）强化组织领导

农业农村厅成立由主要领导任组长、分管领导任副组长、相关处室（单位）负责同志为成员的大豆玉米带状复合种植示范推广领导小组，统筹指导各项工作高效推进。各项目县要建立协调机制，推动项目实施，确保取得实效。

（二）加强项目管理

要切实提高政治站位，从大局出发，深刻领会推广大豆玉米带状复合种植的重大意义，加强项目资金管理，规范项目操作程序，确保资金不被整合、用途不被改变，项目可采取物化补助、购买社会化服务、现金补助等形式落实。采取物化补助的，要按照有关规定采购种子以及落实关键技术的物化产品，并严格按照签订的采购合同按时向企业足额兑付购种资金。农业农村厅将持续加强对项目实施的督促指导，及时发现并推动解决工作中的困难和问题，定期进行调度通报。

（三）突出培训指导

全省将成立由四川农业大学牵头，豆类杂粮创新团队岗位科学家和农业重大技术协同推广团队专家以及省农技总站、省种子站、省园艺总站、省植保站、省耕肥总站、省农机总站、农机研究设计院等单位有关专家为成员的技术专家指导组，全程提供指导服务并适时开展技术培训。各项目县要成立技术服务小组，对基层干部、农技人员、农民群众和新型经营主体开展全方位、多渠道、多层级培训指导，提高技术到位率，确保承担示范推广任务的种植主体能种、会种、种好大豆。

（四）加强监督考核

全省将把大豆扩面完成情况纳入市（州）粮食安全党政同责和乡村振兴实绩考核指标，对未完成的市县，一律取消其涉农评优评先资格。有关市（州）要履行督促指导责任，做好资金、技术、服务等项目实施要素保障，层层压紧压实责任，逐级逗硬考核。各项目县要加快编制实施方案，建立工作台账，及时总结经验，全力配合省市考评，不折不扣完成目标任务。

主要参考文献

曹鹏鹏，任自超，高凤菊，等，2019. 鲁西北地区大豆/玉米间作适宜品种组合筛选[J]. 山东农业科学，51（12）：31-35，39.

陈红卫，2015. 玉米/大豆间作氮素补偿利用的密度调控机理[D]. 兰州：甘肃农业大学.

陈欣，唐建军，2013. 农业系统中生物多样性利用的研究现状与未来思考[J]. 中国生态农业学报，21（1）：54-60.

程玉枉，2015. 玉/豆间作下品种和田间配置对玉米生长和产量形成的影响[D]. 长春：吉林农业大学.

戴炜，杨继芝，王小春，等，2017. 不同除草剂对间作玉米大豆的药害及除草效果[J]. 大豆科学，36（2）：287-294.

冯晓敏，杨永，任长忠，等，2015. 豆科—燕麦间作对作物光合特性及籽粒产量的影响[J]. 作物学报，41（9）：1 426-1 434.

高飞，王若水，许华森，等，2017. 水肥调控下苹果—玉米间作系统作物生长及经济效益分析[J]. 干旱地区农业研究，35（3）：20-28，37.

韩全辉，黄洁，刘子凡，等，2014. 木薯/花生间作对花生光合性能、产量和品质的影响[J]. 广东农业科学，41（13）：13-16.

何衡，丁辉，刘姜，等，2016. 大豆和玉米间作土壤氮素时空变化特征研究[J]. 四川师范大学学报（自然科学版），39（3）：421-426.

黄妙华，2015. 玉米大豆间作品种筛选及田间配置研究[D]. 南京：南京农业大学.

李立坤，左传宝，于福兰，等，2019. 肥料减施下玉米—大豆间作对作物产量和昆虫群落组成及多样性的影响[J]. 植物保护学报，46（5）：980-988.

李明，彭培好，王玉宽，等，2014. 农业生物多样性研究进展[J]. 中国农学通报，30（9）：7-14.

李文敬，高宇，胡英露，等，2020. 点蜂缘蝽（Riptortus pedestris）为害对大豆植株"症青"发生及产量损失的影响[J]. 大豆科学，39（1）：116-122.

李秀平，李穆，年海，等，2012. 甘蔗/大豆间作对甘蔗和大豆产量与品质的影响[J].

东北农业大学学报，43（7）：42-46.

刘健，赵奎军，2012. 中国东北地区大豆主要食叶害虫空间动态分析[J]. 中国油料作物学报，34（1）：69-73.

刘瑞丽，2014. 河南省玉米粗缩病病原鉴定与主要防治技术研究[D]. 郑州：河南农业大学.

刘卫国，蒋涛，佘跃辉，等，2011. 大豆苗期茎秆对荫蔽胁迫响应的生理化制初探机[J]. 中国油料作物学报，30（2）：141-147.

刘鑫，2016. 玉豆带状间作系统光能分布、截获与利用研究[D]. 雅安：四川农业大学.

卢秉生，李妍妍，丰光，2006. 玉米大豆间作系统产量与经济效益的分析[J]. 辽宁农业职业技术学院学报，8（4）：4-6.

卢国龙，2019. 生物防治在农业病虫害防治上的应用探析[J]. 南方农机，50（23）：73.

罗宁，李惠霞，郭静，等，2019. 甘肃省陇东南大豆孢囊线虫的发生和分布[J]. 植物保护，45（3）：165-169.

吕远，2018. 玉米田二点委夜蛾发生特点及防治措施[J]. 现代农村科技（7）：28.

马静，常虹，邓素花，等，2017. 31%氟虫腈·噻虫嗪·氨基寡糖素悬浮种衣剂防治玉米蛴螬的田间药效试验[J]. 河南农业（26）：12-13.

马龙，卢天啸，2019. 点蜂缘蝽的发生规律及防治方法[J]. 河北农业（11）：29-30.

齐永悦，赵春霞，邵维仙，等，2017. 廊坊地区大豆点蜂缘蝽的发生与防治技术[J]. 现代农村科技（9）：34.

钱欣，2017. 东北地区西部燕麦带状间作模式构建及氮素利用机制研究[D]. 北京：中国农业大学.

任领，张黎骅，丁国辉，等，2019. 2BF-5型玉米—大豆带状间作精量播种机设计与试验[J]. 河南农业大学学报，53（2）：207-212，226.

邵珊珊，周兴伟，于洪涛，等，2019. 气温和降水量对大豆蚜虫田间种群动态的影响[J]. 黑龙江农业科学（8）：60-62.

沈冰冰，2019. 玉米茎腐病和大斑病生防菌的筛选及其促生作用的研究[D]. 哈尔滨：东北农业大学.

石洁，王振营，2010. 玉米病虫害防治彩色图谱[M]. 北京：中国农业出版社.

时正东，2019. 玉米虫害综合防治要点[J]. 乡村科技（34）：103-104.

汤复跃，陈文杰，韦清源，等，2019. 不同行比配置和玉米株型对玉米大豆间种产量及效益影响[J]. 大豆科学，38（5）：726-732.

田艺心，曹鹏鹏，高凤菊，等，2019.减氮施肥对间作玉米—大豆生长性状及经济效益的影响[J].山东农业科学，51（11）：109-113.

王立春，2014.吉林玉米高产理论与实践[M].北京：科学出版社.

王文瑞，范东军，2019.禹城市夏大豆甜菜夜蛾绿色防控技术[J].现代农业科技（11）：121-122.

吴海英，梁建秋，冯军，等，2019.2019年四川大豆高效生产技术指导意见[J].大豆科技，12（3）：41-42.

郑红梅，2019.粮饲兼用型玉米蚜虫病的防治措施[J].现代畜牧科技（12）：38-39.